戦後モータージャーナル変遷史

自動車雑誌編集長が選ぶ忘れられない日本のクルマ

小田部　家正

グランプリ出版

推薦の言葉

小田部家正氏は1938年(昭和13年)の生まれだから、私より7歳年下となる。つまり第二次世界大戦を直に経験して、あの荒廃した日本が復興していくのを目の当たりにした世代である。戦後、小学生だった小田部氏は町中を走る米軍のジープやくろがね、みずしまなどの国産の三輪トラックを目にし、実際に乗せてもらってエンジンの音を聞いたり、東京吉祥寺にある中学・高校に通うようになってからは登下校の際に友人たちと、周辺の米軍施設の関係から行き交う米国車や小型の欧州車の品評に余念がなかったという。これは、自動車雑誌の編集記者という小田部氏のその後を彷彿とさせる。

小田部氏は「ドライバー」のキャップや「月刊自家用車」編集長などを歴任するなかで、戦後に急成長を遂げるモータリゼーションをつぶさに見て、常にユーザーの目線で仕事をしてきた。

私はといえば、「新車情報」という番組のキャスターを27年にわたり担当してきた。常にユーザーの視点に立った番組づくりを心掛けてきたつもりであるし、ときには厳しい言葉で日本車を応援してきた。雑誌とテレビ、媒体こそ違うものの、日本のユーザーのために働いたという点では戦友とでもいえるのではないだろうか。

この本で小田部氏がまとめようとしているのは、日本のモータリゼーションの発展になくてはならなかった自動車雑誌に長年携わった者として、日本車、さらには日本社会の変化の様子を明らかにしようというもので、まさに日本自動車史の一端を見せてくれるものである。

私が設立メンバーとなったRJCの会員であったころは、とてもこのような経歴の持ち主とは感じさせないほど謙虚でありながら、ユニークな印象で、その性格が本書によく表れていると思う。

本書が戦後のモータリゼーションの記憶をもう一度確認する、あるいは当時を知らない若い世代の再発見のきっかけとなればと願う。

三本 和彦

■プロローグ

わたしが〝乗用車〟に初めて接したのは4歳のときであった。乗用車といっても2輪の人力車で、車輪がやけに大きかったことを覚えている。母親がお手伝いさんを付き添いにしてわたしを母の実家（兵庫県芦屋）に送り出したときで、荻窪の家から最寄りの国電駅までほんの10分ほどの乗車時間であった。

6歳になった頃東京も空襲が次第に激しくなり、心配した母親が再びわたしを芦屋に送り出した。杉並区荻窪の小学校に入学する予定であったが、結局入学式は芦屋の山の手にある小学校で迎えることになった。しかし大阪と神戸に挟まれた芦屋は米軍による爆撃が意外に激しく、授業の途中で警戒警報を聞きながら全員山を駈け降り自宅を目指して走り帰る日が多かった。結果として荻窪より危険な目に遭うこととなり〝縁故疎開〟は半年で終わってしまった。帰京して間もなく、あの暑い8月にラジオから流れる玉音放送を家族と共に聞いたのはいまでもはっきりと覚えている。

戦後わたしが小学生の頃は、米軍のジープや大型の軍用車に混じってくろがね、みずしま、アキツ、マツダ、ダイハツ、ヂャイアントといった国産の3輪トラックが町中を走り回っていた。3輪トラックは1957年頃を最盛期に急速に衰えたが、当時は小型4輪車の生産台数3万5千台の2倍以上8万8千台を生産していたという。戦後の流通手段として重要な役割を担っていたことは間違いない。簡素な3輪トラックの〝助手席〟に何回か乗せてもらったことがあるが、なかでもくろがねの心地よいエンジン音に好印象を抱いたことを覚えている。

町中を賑わせていた乗り物はまだある。シルバーピジョンやラビット等のスクーターに加えドリーム号やベンリイ号といったモーターサイクルだ。さらに自転車に原動機を付加した簡易バイクとも言うべきダイヤモンド・フリー号やカブ号などにも人気があった。中学と高校の都合6年間は吉祥寺から徒歩15分ほどの私立校へ通ったが、往き帰りの通学路となっている五日市街道は武蔵野周辺近郊に点在する米軍施設の関係から様々なクルマやバイクなどが行き交い、登校下校の際には級友たちと乗り物の品評に余念がなかった。様々な車名を覚えることができたのはこのときの〝実地検証〟が役立ったのかもしれない。

フォード、クライスラー、ビュイック、スチュー

終戦直後から昭和30年代にかけて街中で多く見かけたのが3輪トラックだ。ヂャイアント、オリエント、アキツ、ダイハツ、マツダ、みずしまなど多士済々であったが、なかでも筆者には「くろがね号」の印象が強い。3輪に水冷直列4気筒1488cc 62馬力エンジンを搭載し、完璧なキャビンに包まれた静かな運転席とデザインに優れた外観が良かった。

確か中学生時代だった。下校時に見かけたのが英国のトライアンフ。直線と曲線を巧みに織り交ぜたいわゆるナイフエッジのデザインが印象的だった。戦後1949年日本にも登場した2ドアサルーン「メイフラワー」で、1247cc 38馬力エンジン搭載車だ。

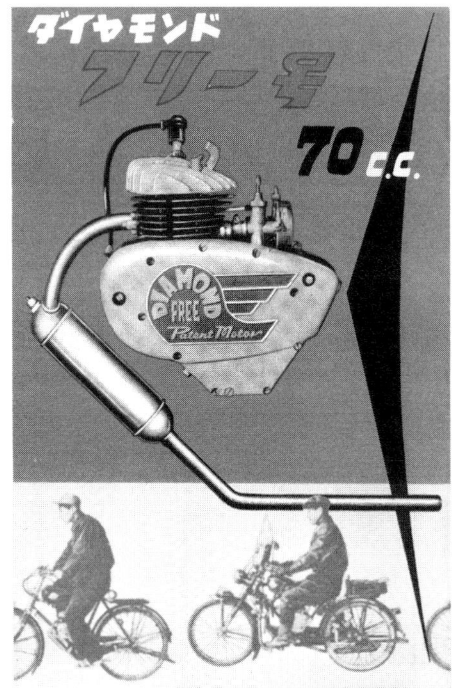

吉祥寺駅近くの五日市街道で発見！したのがジュノオ。ホンダのスクーターの歴史はこのジュノオK型から始まった。1954年1月に発売されたホンダ第1号のスクーターでエンジンは強制空冷4サイクルOHV単気筒189cc、最高出力7.5馬力。筆者はまだ高校生であったが、強化プラスティック（FRP）を採用した先進的意匠のボディに何故か魅了された。

戦後スズキは「自転車用取付けエンジン」の開発に成功、1953年発売の70ccダイヤモンド・フリー号は大ヒットし、月産4000台を記録したという。

ドベーカー等々大柄で派手な米車に混じって小型の欧州車も存在感を示していたが、なかでもトライアンフの直線的デザインには何か新鮮なイメージを抱いたことを記憶している。米車ではなんといってもスチュードベーカーやGMキャデラックのあの未来的で先鋭的スタイルと航空機の尾翼を思わせるリアスタイルが印象深かった。デザインといえば、1954（昭和29）年にホンダから出たジュノオには胸がときめいた。それまでのスクーターにはなかった斬新なデザインは当時高校1年だった男の子になぜか将来の希望を抱かせたものだ。

1954年といえば第1回のモーターショーが開催された年だ。当時は「全日本自動車ショウ」と称し会場は日比谷公園であった。その頃わたしはまだ自動車マニアというわけではなかったが、267台の国産車が展示されていると聞き興味を覚えて友人を誘い見に行った。会場は大変な混みようであった。10日間の会期で入場者数は54万7千人であったというから、当時の一般大衆がいかに自動車に関心を持っていたかが分かる。

そして1966年10月、晴海で開催された第13回東京モーターショーはわが国の自動車史上で最も記念すべきイベントとなった。日産サニー、トヨタ・カローラ、スバル1000といったブランニューモデルが会場で披露され、ショー史上初めて来場者が150万人を超える大盛況となった。それは本格的大衆車時代の幕開けであり〝マイカー元年〟のスタートでもあった。

わたしは昭和40年代初期からモータージャーナリズムに身を置いたため、以後に花開いたほとんどの国産乗用車に直接手を触れることができた。おかげで、目の前に立ちはだかった高いハードルを幾度となく乗り越えてきた国産車の逞しい姿に何度感動させられたか計り知れない。クルマを取り巻く環境の変化に何とか対応しながら自動車がもっとも自動車らしく存在していた国産乗用車全盛時代であったといえる。

本書は、わたしのマイカー遍歴を軸にしながら様々なこれらのクルマとの出会いに思いを馳せ、自動車雑誌編集記者時代の忘れられない出来事を絡ませたいわば自伝的モータージャーナル変遷史であり、わたしにとってはちょっぴり感傷的な昭和紀行でもある。

いまわたしたちの社会は将来の地球のためにどういう動力源を持った自動車がふさわしいのか、その姿を具現化するためにありとあらゆる知恵を絞って模索しているわけだが、ひとつ確実にいえることは、もはやあの世界には絶対戻ることはできないということだ。未来のクルマに夢を抱きながら一方では年々遠ざかっていくあの〝レシプロ全盛時代〟に郷愁を覚えるのは、見方を変えれば極めて贅沢なことかもしれない。その贅沢を独り占めすることなく次世代に伝えていくのがわれわれ先輩としての務めと自覚し、多少感傷的ではあるが時代を遡る一人旅を敢行し、ここにその思いを記すことにした。

目 次

第2章 試行錯誤ながら意欲的な高性能車が次々登場した60〜70年代

第3章 排出ガス対策と低燃費化に英知を結集した国内メーカー　79

初めて米国大西部を取材しカルチャーショックを受ける

第4章 乗用車の高級化と多様化が急伸したバブル絶頂期　109

高性能4WDギャランVR-4と高級車セルシオがCOTYを獲得

第1章

戦後の日本に希望をもたらした国産乗用車の数々

日野ルノーで運転に目覚め、初代カローラで人生の転機を掴む

日産、トヨタと並ぶ戦後自動車メーカーの名門いすゞも英国ルーツ社と技術提携しヒルマン・ミンクスPH10型の国産化を図った。図は1955年のMark Ⅷ。

■上品で落ち着いた雰囲気が印象的であった　ヒルマン・ミンクス

わたしが荻窪の生家から武蔵境に引っ越してきたのは10歳のときであったが、当時武蔵境は荻窪と比べればまだまだ田舎の趣が濃く、わが家の周辺には雑木林や畑や草っぱらが数多く点在し、いかにも武蔵野そのものであった。車道は砂利道で、バスが通るたびに白い埃が渦を巻き、通行人は鼻を手やハンカチで覆っていた。

バスといえば当時の主流はボンネットタイプで木炭バスがまだ活躍していた。木炭バスといっても今の若い人にはピンとこないだろうが、要するにバスの後部に外装された燃却炉（木炭ガス発生装置）に木炭や薪をくべて、不完全燃焼によって得られた可燃性ガス（一酸化炭素など）を気化器へ送ってシリンダー内で燃焼爆発させるものだ。

既存のガソリンエンジンをそのまま流用することができるので、わが国では燃料用の原油が不足していた第2次世界大戦中の1940年代から使用されていた。武蔵野市にある私立中学へ通っているとき吉祥寺駅のバス停でも見たことがある。バスを後ろから見るとまるで大きな荷物を背負っているようでいかにも不細工であった。

木炭を背負ったバスがまだ稼働している頃にわが国自動車メーカーは外国メーカーと技術提携し乗用車生産を始めていたわけだが、わたしは日野ルノーのほかにいすゞのヒルマンにも乗ったことがある。といっても、こちらのほうは後部座席におとなしく座っていただけだ。

中学生のとき親しくしていた級友が「こんどの週末ウチに泊まり掛けで遊びにこないか」という。そこで仲のいいクラスメイトを誘い都合3人で行くことにした。彼はいつも平日は西荻窪の親戚の家から吉祥寺の学校まで通学していたが、週末には青梅にある実家へ帰ることになっていた。

青梅線の軍畑駅で下車すると黒塗りの見慣れぬ乗用車が待っていた。彼のうちの自家用車で専属ドライバーつきであった。車体はピカピカに磨かれてありまだ新車のようであった。運転手さんがドアを開けてくれ、わたしたちはいそいそと後部座席に滑り込んだ。まるで応接間のソファのように手触りがよかった。

青梅街道を渓谷沿いにしばらく走ってまもなく彼の実家に着いたが、降りるときわたしは運転手さんに車名を聞いたら「これはヒルマンというクルマです」と教えてくれた。わたしが英国製ヒルマンに接したのはこのときが初めてであった。リアシートの乗り心地はきわめて静かでクッションが柔らかく、とにかく高級感に溢れた走りであったことを覚えている。

いすゞ自動車は1953（昭和28）年に英国ルーツ社と技術提携しヒルマン・ミンクス（モデル名：ヒルマン・ミンクスPH10型）の国産化を図り、1957年には全部品の国産化に成功、1964年6月までこのクルマを生産していたが、わたしが乗ったヒルマンはまだ国産化をしていなかった時期であったから、まぎれもなく輸入車であったことになる。ちなみに国産化されたヒルマンのスペックは全長4061ミリ、全幅1575ミリ、ホイールベース2362ミリ、エンジンは水冷直列4気筒1265cc、最高出力37.5馬力、最大トルク8kgmであった。動力性能の割には車両重量が962kgとやや重く俊敏性はなかったが、そのぶん静かで乗り心地がよく、贅沢な乗用車であった。

青梅に豪邸を構える彼の父君は著名な作家であったが、当時としてはヒルマンのような格式ある英国車が上流社会の自家用車として相応しかったのであ

ロイトは1906年に設立されたドイツの自動車会社だが、筆者が見た（乗せて貰った）ロイトは戦後1950年から発売された小型のFFモデルだ。２気筒300cc 10馬力エンジンを搭載した「300」で全長は3.2m、よく売れたモデルだという。写真はロイト400。

独ロイト車を参考に開発されたスズキ初の４輪量産車スズライトSS。1955年10月に発表、翌年４月の第３回モーターショー（日比谷）で一般に披露された。空冷２サイクル並列２気筒360cc 15.1馬力エンジン搭載のFF（前輪駆動）方式。発売当時の価格は42万円。

富士重工業が1958年に発売した初代スバル360。車両重量は385kgと超軽量。小柄なモノコックボディに大人4人が確実に座れる居住スペースを持つ。空冷式エンジンを後部に搭載するRR車。わが国軽自動車の本格的発展はこのクルマからスタートしたといっていい。

強制空冷式２サイクル２気筒エンジンの当初の性能は16馬力／4500回転で、最大トルクは3.0kgm／3000回転。2サイクルの弱点である低速トルクが競合他車より力強く、走りやすいことが特徴であった。

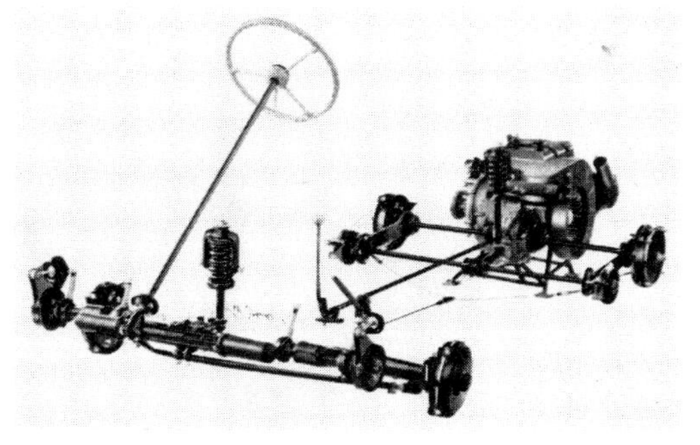

当時の宣伝文句に「大型車並みの乗心地」と強調されたスバル360。その理由は前輪トレーリングアーム式、後輪スイングアクスル式を採用した独創的な懸架装置にあった。前後輪ともその両輪の真ん中にコイルスプリングがあり、そこから左右にトーションバーが伸びているという形式。構造は簡単だが旋回時の傾きや上下振動を見事に制御している。

ろう。多摩川の渓谷沿いを走るヒルマンの姿は日本の風景にも違和感なく溶け込んでいたように記憶している。

■軽の原点スバル360。残念ながら富士重工業は54年の軽の歴史に幕を閉じる

昭和20年代後半の話である。わたしが中学に上がる頃やっと自宅の前の車道が舗装され、クルマが巻き上げる埃から解放されることになった。その当時渋谷で開業医をしていた伯父が突然わが家を訪れ、クルマを買ったから乗せてあげようという。喜んで門の外に出てみるとそこには見かけたこともない小柄なクルマが鎮座していた。

家の近辺をひと回りドライブしただけであったが、車室内は狭く走行中の音も静かではなかった。クルマは西ドイツ(当時)のロイトといって紛れもなく輸入車であった。医者には新しもの好きやクルマ好きが多いと言われているが、伯父もその例外ではなかったようだ。

このロイトは、わが国特有の軽自動車の開発にだいぶ影響を与えたらしい。スバル360のエンジンもスズライトのエンジンもロイトのそれを参考にして開発されたときく。そのスバル360だが、このクルマには忘れられない想い出がある。

武蔵境のわが家から自転車だとものの12～13分のところにICU(国際基督教大学)があった。三鷹の国立天文台よりかなり手前だが、そのICUと隣接して富士重工業の三鷹製作所があった。隣接といっても相当離れていたが、なにしろ旧中島飛行機の工場跡地だからその敷地は広大で、その中にICUと三鷹製作所が点在していたといったほうが適切な言い方かもしれない。

その三鷹製作所の脇を通ると必ずうなり音がしていた。高い塀に囲まれているので中が覗けない。ときどき立ち止まって聞いていたが何の音だか見当が付かない。後で分かったことだが、三鷹製作所ではラビットスクーターのエンジンを開発・生産していたのだ。加えて1957(昭和32)年初頭からいよいよスバル360用エンジンの正式な開発が始まり、その試運転の音が響き渡っていたのだ。

富士重工業では当時エンジン開発はここ三鷹製作所で、車体は群馬の伊勢崎製作所で研究開発を担当していた。そういえば当時、家の前の道路を見たことのない小さなクルマが時折軽いエンジン音をたてながら通過していったことを覚えている。おそらく試作車の実走テストではなかったかと思う。

スバル360開発のために独ロイト400のほかに仏シトロエン2CVやイタリアのイセッタ300、フィアット600などの欧州車が参考車として調査されたと聞くが、完成した初代スバル360(K111型、通称K10型)はこれらどの欧州車よりも優秀な出来栄えであった。そう思う。

スバル360の正式発売は1958年5月、東京価格は42万5千円と当初は高かった。これは当時の平均的サラリーマンの年収の2倍以上はしたはずだ。いずれにしてもクルマはまだまだ高額商品で、われわれにとっては高嶺の花であった。

初代スバル360の後部に搭載されていたエンジンは強制空冷2ストローク並列2気筒356cc、最高出力16馬力、最大トルク3kgmというスペックであった。開発時に参考としていた欧州車の車両重量は概ね500kg前後であったが、K10型はどの欧州車よりも軽く385kgに仕上げられていた。この辺りはいかにも元ヒコーキ屋(中島飛行機)さんというか軽量化の技術はさすがであった。

戦時中の中島飛行機時代の技術を活かし、軽量化

1953年発売当初86万円だった日野ルノーPA型。筆者が初めて運転した4輪乗用車であった。当時はタクシーにも多用されていた(図は1955年型)。

日産が英国オースチン社と技術提携し国産化を図ったオースチンA40。1953年発売当初は115万円だった。1200cc水冷直4 OHVエンジンは42馬力。

日野はルノーの国産化で習得した技術を独自に進展させセコンテッサ900PC10型を開発、1961年に発表発売した。ルノー同様RR方式であった。

もさることながら空力的にも優れたボディ形状とフルモノコックを採用した車体構造は大人4人が確実に座れる室内空間をも生み出していたのだ。わが国の本格的軽乗用車はこの初代スバル360が原点といっていい。

前開きのドアによって前席の乗降性もよく、大柄な力士もこの通りといった具合にお相撲さんが宣伝に一役かっていたのも懐かしい。当時の軽自動車の寸法枠は全長3メートル以下、全幅1.3メートル以下、高さ2メートル以下と小さなものであったが、スバル360は大人4人がごく普通の姿勢で無理なく座れる居住空間を持っていた。

懸架装置は前トレーリングアーム式/後スイング式で、いずれもトーションバーとコイルバネを併用したものだが、これが〝スバルクッション〟と呼ばれるほど優れた乗り心地を生み出していた。見掛けによらず広い室内と乗り心地の良さが好評で、発売以来12年間一度もモデルチェンジをしなかったスバル360だが、1970年5月に生産が打ち切られるまで39万2千台以上を販売している。その後は1969年に登場したスバルR-2に人気が集中し、これが事実上の後継モデルとなった。

ところで、軽乗用車「スバル360」で自動車市場に参入し、以来半世紀以上も軽自動車界をリードしてきたスバルだが、富士重工業では2012年2月をもって軽自動車の生産を全面的に打ち切ってしまった。その後は提携先のトヨタ自動車グループのダイハツ工業からOEM(相手先ブランドによる受託生産)供給を受け軽自動車の販売は継続しているが、これはわれわれにとっていかにも寂しいニュースだ。

わたしがクルマという乗り物に本格的興味を抱いたのもルーツを辿ればスバル360であったといえるし、これまでスバルの軽乗用車にはほぼすべての車種に試乗していた。スバルの軽はまだまだずっとこれから先もあり続けると当然のように思い込んでいたのはわたしだけではあるまい。スバルの軽の歴史が54年間で幕を閉じるとは思ってもいなかった。まさに青天の霹靂であった。実に寂しいかぎりだ。

■国産化を図った日野ルノーで クルマの運転に目覚める

1957(昭和32)年の春であった。市ケ谷の豪邸に住んでいる友人が武蔵境のわたしの家を訪ねてきて、レンタカーを借りたからドライブしようという。彼はこの春休みに免許を取ったばかりで、それを自慢にしていた。お互い高校卒業後の一浪が決まったばかりで気楽な時期であった。「お前、まだクルマを運転したことないんだろう。教えてあげるよ」と一方的に押し切られ、家からそれほど遠くない小金井公園に向かった。その公園は当時まだクルマも自由に乗り入れられ、広大な園内は人もまばらで練習にはもってこいの環境であった。

彼が乗ってきたクルマは日野ヂーゼル工業(現日野自動車)が仏ルノー公団と技術提携して国産化を図っていたルノー4CV(日本の車名は日野ルノー、モデル名はPA型)であった。緑色の車体は亀の子スタイルで、エンジンは車体の後部に搭載されていた。早速彼と席を代わって運転席へ座ったわたしは、初めてクラッチペダルの合わせ方の難しさを体験することになった。ギアを1速に入れクラッチを合わせるのだが、車体はガクガク振動してなかなか思うように前進しない。エンジンも何回かストップしてしまった。

前進3段後退1段の変速機操作が可能となったのは特訓を始めてから小一時間を経過していた。それでもその日は、4輪小型車を自分の手で走らせることができた記念すべき日となり、なぜか気分が高揚していた。いってみればクルマの運転に目覚め興味を持った初日であり、その点でいまさらながら彼には感謝の気持ちで一杯だ。

昭和30年前後のわが国自動車メーカーは戦中戦後の空白を埋めるために外国の自動車メーカーと技術提携し、いち早く最新の乗用車生産技術を習得しようと努力していた。日産は英国オースチン社と、いすゞは英国ルーツ社と、そして日野ヂーゼルは仏ルノー公団とそれぞれ技術提携し、オースチンA40、ヒルマン・ミンクス、ルノー4CVの国産化を図っていたわけだ。

いずれも1953年に最初のモデルを発売したが、その後、日野はこのルノー4CVの完全国産化（1958年8月）に成功し、1963年に生産を打ち切るまで3万5千台を生産した。そして日野は国産化の経験を生かして後に名車といわれるコンテッサを開発し、一方いすゞはヒルマンの国産化経験を生かしてベレルを開発することになる。

友人が乗ってきたレンタカーはそのルノー4CVで、車体後部にエンジンを搭載した後輪駆動車であった。いわゆるRR（リアエンジン・リアドライブ）といわれるもので、車体寸法は全長こそ現行の軽自動車より若干長いものの全幅は軽より狭かった。ホイールベースも2100ミリと短く、乗車定員は4名であった。

エンジンは水冷OHV直列4気筒748ccで21馬力、最大トルクは5kgmで、パワーもトルクも現在の軽より貧弱であったが車両重量が640kgと比較的軽く、最高速度はカタログ上100km/hをマークしていた。最小回転半径が4.2メートルなので小回り性が良く機動性に勝り、加えて比較的優れた燃費の良さが評判で、当時はタクシー等にも多く用いられた。発売当初の価格は50万円を切っていた。

日野ルノーの足回りは前後輪ともコイルばねを使用した独立懸架であったから、悪路でも乗り心地は大変良く、その点では当時の日本には向いていた。が、耐久性にはやや問題があったようだ。いずれにしろ経済性と機動性が際立ち、見掛け以上に広い室内と乗用車らしい雰囲気が評価されていた。

■初めてのマイカーはトヨペット・クラウンRS、5万円でゲットする！

1957（昭和32）年だったと思う。『ロンドン—東京5万キロ』という単行本が出版された。わたしの最も好きな類の本でありすぐ書店に行ってこれを求めた。朝日新聞の辻豊記者と土崎一カメラマンがクラウンに乗って1956年4月にロンドンを出発、欧州を横断し、ユーラシア大陸の砂漠や険しい山路をざっと5万キロ走破して同年12月に無事東京に到着したその冒険ドライブの本だ。

この快挙はクラウンの堅牢さを証明すると同時にトヨタ車のイメージアップに計り知れない効果を及ぼしたが、それより当時の若者に多大なる勇気と希望を与えたことのほうがわたしは大きいと思う。当時わたしは高校を卒業して一浪中であったが、勉強もそっちのけで夢中で読み耽けり、俺だったらこういうルートであのクルマを使ってこう走る……などとプランニングに没頭する始末であった。

日本の自動車メーカーがまだ外国メーカーの技術協力を必要としていた頃、トヨタは独自の純国産技術によるわが国初の本格的乗用車を世に送り出した。1955年1月に発売された初代クラウンRS型だ。前輪には乗用車では日本初のダブルウィッシュボーン式コイルスプリングの独立懸架を採用、後輪懸架には3枚の板ばねを使用したリーフリジッド式を採用した。悪路に強くしかも乗り心地が良いという利点があったからだ。この懸架方式もわが国では初めて実用化に成功したものだ。

また当時の劣悪な道路状況を考慮してフレームには悪路走破性と居住性の両立を目指した頑丈な梯子型フレームが採用された。といっても、トラックベースのシャシーではなく乗用車専用のシャシーを新開発したのだ。そしてボディは本格的プレス加工によるトヨタ内製であった。

フロントガラスは真ん中にサッシュが付いた2枚ガラス式、ドアは観音開き式で方向指示器はセンターピラーの上方から水平に飛び出す腕木式というものであったが、2灯式ヘッドライトのグリルは他の国産車と一線を画す洗練されたもので、米車をコンパクトにまとめたようなモダンさが感じられた。ちなみに初代クラウンの主なスペックは全長4285ミリ、全幅1680ミリ、ホイールベース2530ミリ、車両重量1210kg、乗車定員6名であった。

当時(1955年)日本の乗用車生産台数は年間2万台余りにすぎず、その需要の大半は営業用(タクシー)であり一般市民にはまだ程遠い存在であったが、RSの登場はいよいよわが国にも自家用車時代到来かと夢を抱かせるには十分な出来栄えであった。もちろんRSはタクシーにも多用され、当時の国産車は足回りが弱いという〝定評〟を打ち破ってその堅牢さがたいへん高く評価された。その評価をさらに高めたのがロンドン—東京5万キロドライブであった。

この冒険ドライブに使用された車両はサッシュ付き2枚ガラスのRSではなく1955年12月に発売されたデラックス(RSD型)であった。フロントグリルも若干洗練され、前面ガラスは曲面1枚ガラスとなって見栄えが良くなった。このRSDは当時の「デラックス」ブームの先駆けとなって、以来マイカーのグレードとしてデラックスという名称が流行したものだ。この頃からいわゆる神武景気にのって自動車生産も軌道に乗り「もはや戦後は終わった」を合い言葉に〝三種の神器〟時代が到来したのだ。ちなみにこのときの三種の神器はテレビ、電気洗濯機、電気冷蔵庫であった。

昭和30年代も後半になると、まだクルマを買えるような収入もないのに当時の若者は免許を取ることが一種の流行のように教習所に群がった。おかげで教習所はいつも混雑していて予約を取るのが大変だった。わたしも学生時代に自宅近くの自動車教習所に通ったが、懐具合が厳しくすぐに軍資金が途絶えて中断、アルバイトでいくらか貯めると再び教習所の門をくぐった。これを2回ほど繰り返したがそのうち大学の単位取得が忙しくなって教習所通いはおあずけとなり、結局わたしが運転免許を取得したのは社会人になってからであった。

免許取得はやや遅咲きの25歳(1963年)であったが、この年の秋の運転免許取得者数は全国でざっと1500万人、4輪車生産台数は100万台突破という時期であった。第1回日本GP(グランプリ)自動車レースが鈴鹿サーキットで開催され、名神高速道路の一部が開通し、晴海で開催された第10回のモーターショーではマツダといすゞがロータリーエンジンの試作品を出展して人々をアッといわせたときだ。

1960年7月に成立した池田内閣は1970年までの10年間にGNPを2倍にするといういわゆる所得倍増政策を発表、これが功を奏して日本の乗用車生産は1961〜70年の10年間に12.7倍という世界的にも希有な急成長を遂げた。自動車産業がわが国の立派な基幹産業に育ったのはこの時期があってのことだと思う。

1955年1月に発売された初代クラウン(RS型)。1963年、筆者はこの中古車を5万円で購入し初めてのマイカー生活を満喫した。フロントガラスは真ん中に柱が入った2分割式、方向指示器は腕木式であった。

朝日新聞の記者とカメラマンがクラウンRSDを駆って1956年4月ロンドンを出発、欧州～ユーラシア大陸を横断し、ざっと5万キロを走破して同年12月無事東京に到着した冒険ドライブの単行本が1957年に出版された。これはその写真版。これによってクラウンの堅牢さが証明され、同時にトヨタのイメージがグンと高まった。

前輪にはダブルウィシュボーン式コイルの独立懸架、後輪には3枚リーフスプリング式リジッドを採用した初代クラウンの懸架方式。当時、乗用車専用に設計された足回りとしてその耐久性が注目された。

鈴鹿サーキット国際レーシングコースが開業したのは1962年11月、その翌年5月3～4日に「第1回日本グランプリ自動車レース大会」が開催された。車種と排気量ごとに10クラスに分けて行なわれたが、物珍しさもあって2日間で20万人以上の大観衆を集めたという。国産車ではスズライト・フロンテ、パブリカ、日野コンテッサ、コロナ、クラウン、フェアレディなどがそれぞれ各クラスで優勝し注目を集めた。これを機に各メーカーはレースを宣伝材料として積極的に利用することになる。

クラウンRSと同時に併売されたタクシー向けのトヨペット・マスター。オーナー向け乗用車RSに対して、マスターにはトラックシャシーを改造した営業車専用の頑丈な足回りを設定したが、RSの耐久性も全く問題なく、マスターの存在価値は次第に薄れていった。

初代クラウン誕生からざっと8年後、1962年9月に2代目が登場した。RS40系で、4灯式ヘッドランプとT字型フロントグリルを採用、米国車を思わせる斬新なデザインとX型フレームによる頑丈なボディが注目された。

1963年9月に登場したブルーバード410型。4年ぶりのフルモデルチェンジで、セダンらしく端正な310型は曲線を多用したモダンなスタイルに変身した。ピニンファリナがデザインした尻下がりのスタイルには賛否両論あったが、筆者はその新鮮さと性能の良さにほれ込んで早速マイカーとして購入を決意した。

1963年6月に発表されたいすゞベレット1500。全身丸みを帯びた斬新なボディ形状は第10回全日本自動車ショー（晴海国際見本市会場）で注目を集めた。エンジンは水冷直列4気筒OHVで最高出力63馬力。

三菱500とコルト600はリアエンジン・リアドライブつまりRR方式であったが、1963年7月発売のコルト1000は前エンジン・後ドライブ（FR方式）で登場、スタイルもそれまでの曲線中心から直線で構成された3ボックス4ドアセダンに変身、本格乗用車の趣が増した。1964年5月、鈴鹿サーキットで行なわれた第2回日本グランプリレースに出場しツーリングカー部門で優勝、3位までを独占するという快挙を成し遂げた。

この高度経済成長時代にわたしは新卒の社会人になった。製油会社に就職したのだが、初任給は確か1万8千円であった。とてもクルマなど買える経済状況ではなかったが、運転免許を取得すると当然ながら今度はクルマが欲しくなった。といっても新車なんて買えるわけではない。大衆車クラスでも年収を遥かに超えていた時代だ。

当然中古車を探すことになる。それとなく物色していたらうまい話が飛び込んできた。わたしの実兄が「義父が8年前のクラウンを5万円で譲るけど、どうか」という。兄貴の嫁さんの父親は大手タクシー会社の重役で、譲るクルマは会社が丁寧に使用していた初代クラウンだという。渋谷の営業所に用意してあるから都合のいいときに取りに来いとのこと。ふたつ返事でその厚意に甘えることにした。

その頃のクラウンは新鋭セドリックやグロリアに対抗して全面刷新した4灯式フロントグリルの2代目RS40系に代わっていた。米車風のスマートなスタイルだった。街中を走る国産車もブルーバード410、ベレット1500、コルト1000といった具合に次第に洗練されたデザインとなり、さすがの初代RSも街中ではもはや古色蒼然とした印象は否めなかった。それでもわたしにとっては生まれて初めてのマイカーであり、ハンドルを握っているかぎり投資額5万円の価値は十二分に感じた。

初代クラウンRSのエンジンは水冷直列4気筒OHV1453ccで最高出力は48馬力であったが、動力性能には特に不満は感じられなかった。しかし、平坦な市街地では分からなかったが、坂道発進の際に使用する駐車ブレーキがやけに甘く、相当強くかけたつもりでもズルズルと後退するのには閉口した。

会社の連中と日光鬼怒川方面にドライブしたときは、うっかりサイドブレーキを軽くかけたまましばらく走行してしまい、それがたたってブレーキが十分に利かなくなってしまった。観光地の整備屋さんを探して修理してもらったが、過熱によるブレーキ液沸騰がトラブルの原因であった。

このRSをマイカーとして使っていたのはわずか1年ほどであった。後年、初代から14代目までのクラウン変遷史である『トヨタ クラウン　伝統と革新』(2014年刊行)を執筆したが、原稿を書きながら「あゝ、あのクルマにもっと愛情を注ぐべきであった」と後悔の念にかられたものだ。初代クラウンはトヨタというよりまぎれもなく日本の誇る名車である。もっと隅から隅まで仔細に観察しデータを残しておけば良かったといまさらながら悔やんでいる。もし、いま年代もののクラシックカーに乗っているひとがいたら「そのクルマ、是非大切に優しく可愛がってあげてください……」というメッセージを送りたい。後悔先に立たずである。

■いまEVで甦れば絶対ウケる　マツダR360クーペのスタイル

わたしが大学を卒業して製油会社に就職したのは1962(昭和37)年4月である。配属は生産部で勤務地は横浜にある工場であった。社員のなかには自家用車で通勤する者も既に存在していたが、広い工場敷地内にはこれといって社員用駐車場を設けてあったわけでもなく、マイカー族はそれぞれ適当な場所に停めていた。そんな呑気な時代であった。

同僚のひとりはマツダR360クーペに乗っていた。たまたま退社時がいっしょになったとき彼が「駅まで送りましょう。もうひとり乗せていくので後席に乗って下さい」と言う。当時の軽自動車の寸法は全長3メートル、全幅1.3メートルと小柄なうえR360クーペはスタイリングをかなり優先したクルマであり、加えてエンジンを後部に搭載しているので後席の空間は狭い。

法規上は4人乗りもOKとはいえ後席はとても大人がまともに着座できるスペースではなかった。頭がリアガラスにつかえるので首を傾げて座るしかない。しかも腰や脚が中途半端な姿勢なので疲れてしまう。最寄りの駅までの10分間が限度であった。

後日このクルマのハンドルを握る機会に恵まれ街中をちょい乗りしてみたが、走りはなかなかのものであった。排気量356ccの4サイクル空冷V型2気筒エンジンは16馬力で最大トルクは4000回転時に2.2kgm、もちろん物足りない動力性能ではあるが、それを補うものが395kgという超軽量の車重と4段変速ギアの採用であった。そして足回りは全輪トレーリングアーム式の独立懸架でトーションラバー付きだから乗り心地は意外に良かった。

このR360クーペのスタイルとパッケージングで、中身をいま流の高性能リチウムイオン電池採用の電気自動車にアレンジすれば、かなりいいセンいくのではないか。2人乗りのビジネスクーペとして最適だ。そう思わせるクルマであった。

いずれにしてもR360クーペは2＋2のミニクーペで決して4人乗りのクルマとはいえなかった。前席優先2名乗りで後ろには荷物か子供を載せるのが精一杯、いちばんいい使い方は街中をビジネス用にちょこちょこ走ることだ。つまり都市街のコミューターとしては大いに真価を発揮するクルマであった。しかしR360クーペの魅力はもうひとつ、4段マニュアル変速機にくわえてトルコン仕様があったことだ。つまりオートマチック仕様（2速AT）だが、こちらの車両価格は2万円高の32万円であったが、当時の感覚でも安いという印象であった。

マツダとしてはR360クーペが初の乗用車であったが、日本ではスズライト、スバル360に次ぐ3番目の軽乗用車であり、これが後のキャロルに発展するのである。とにかく低価格が人気を呼んで3輪トラックメーカーの東洋工業（現マツダ）が乗用車メーカーへと飛躍することができた記念すべきクルマと言っていい。

R360クーペは1960年4月に発表されたが、最初に見たのは確か発表直後に東京駅構内の一角に展示されていたときだと思う。大学からの帰りに級友と立ち寄って、この軽自動車ならいつかは買えるかもしれない……などと夢想したのを覚えている。が、ついにR360クーペは自分のものにはならなかった。

■コルトシリーズの原点が三菱500、当初はエンジンを後部に搭載した

R360クーペと同じく1960（昭和35）年4月に発売されたのが三菱500だ。500の名称どおりエンジン排気量は493ccと軽の枠（360cc＝当時）を超え、全長×全幅は共に軽自動車の寸法枠をわずかにはみ出し、法規上は軽ではなく小型乗用車であった。このクルマを所有していた同じ課の先輩がときどきわたしを乗せては「よく走るだろう」と自慢していた。いわゆる当時の通産省が示した〝国民車構想〟に対する三菱の回答がこのモデルであったともいわれている。

4サイクル空冷2気筒エンジンは5000回転時に21馬力、3800回転時に3.4kgmのトルクを出すが、前進3段ギアの変速機ではエンジンの力をうまく引き出せず、車両重量490kgの発進加速はもどかしかった。が、巡航時は快適であった。リアエンジン・リアドライブ（RR）で前後輪ともコイルスプリングを持つトレーリングアーム式懸架方式を採用し、乗り心地も操舵性もなかなか良かったことを覚えている。

マツダ初の乗用車がこのR360クーペ。わが国ではスズライト、スバル360に次いで３番目の軽乗用車となる。発売は1960年。法規上では４人乗りだが、後席スペースは実質的には子供用。トルコン付の２速自動変速機モデルもあった。発売当時の価格は32万円。

悪路でも快適に走れるように４輪独立懸架方式を、ボディには堅牢なモノコック構造を採用した４人乗りコンパクトカー三菱500。当時の通産省の国民車構想に呼応して三菱が戦後初めて手がけた量産乗用車だ。39万円の低価格で1960年４月に発売された。４サイクル空冷２気筒OHV500ccエンジンは21馬力。後部に搭載し後輪を駆動するRR方式だ。

初代パブリカUP10が登場した1961年に光文社（カッパブックス）から「マイカー」という本が出た。副題は「よい車わるい車を見破る法」。出揃ったクルマの特徴を消費者側からズバリ指摘したものだが、マイカー時代到来を思わせる世相にマッチして初版発行から僅か3ヵ月足らずで24版を記録した。著者は星野芳郎氏、定価は240円であった。クルマ選びの類ではこれと徳大寺有恒氏の「間違いだらけの…」が戦後モータージャーナリズムのなかでは特筆すべき著作物だと筆者は思う。

三菱の軽４輪自動車は1961年４月に発売された商用車「三菱360」（軽ライトバンLT20型）から始まった。この商用車を基礎にして1962年10月に軽乗用車「三菱ミニカ」（LA20型）を発売した。車体前方部分は商用車を流用し、後部は思い切ったクリフカット・デザインを採用、4人乗車の室内空間を確保すると同時に当時の軽乗用車最大のトランクスペースを実現したのが特徴。FR方式で、エンジンは空冷２サイクル２気筒17馬力。

当時『マイ・カー』(星野芳郎著、光文社刊)という新書が大変な評判で、これからクルマでも買おうかというひとたちはこぞって購入し夢中で読み耽った。わたしも遅まきながら読んだことがあるが、この本のなかで三菱500を「このクルマは質実剛健、自衛隊(員)向きだ」という寸評が載っていたのを記憶している。著者の歯に衣を着せぬ批評は当時のわれわれ若者にウケたものだ。

今日、彼ほどにズバリとものを言う自動車評論家はなかなか見当らない。メーカーに気兼ねをしているのかカタログに記載されている情報以外のことは余り記述しない。評論家もおしなべて草食系になったようで残念だ。

三菱500(当初の価格は39万円)は新発売の翌年(1961年)8月に改良が加えられ「三菱500スーパーデラックス」として発売された。乗車定員を4人乗りから5人乗りへ変更、排気量を594ccに引き上げ最高出力は25馬力へ、最大トルクは4.2kgmへパワーアップ、不評であった加速性と居住性は大幅に改善された。オーソドックスな3ボックスボディであったが、その丸っこくシンプルなスタイルはいまいちの評判で、性能的には高い評価を受けながらも販売実績は思うほど伸びなかった。

しかし、三菱500の経験が後の「コルト600」(1962年6月発売)さらには「コルト1000」(1963年7月発売)、同1500、そしてわが国初のファストバックスタイルを採用した「コルト800」(1965年11月発売)につながり、三菱のコルトシリーズが完成していくのである。それにしても三菱最初の本格的小型乗用車がRRレイアウトで登場したのは興味深い。現在街中を走っている軽乗用車「i」のルーツはここにあるといっても間違いない。

わたしの小学～中学時代(即ち昭和20年代)はいってみれば3輪車(トラック)の全盛時代であったが、高校～大学時代は軽自動車の黎明期で、新鮮で魅力的な軽乗用車が次から次へと登場してきた。日本のモータリゼーションの発展に勢いを付けたのはこれらの軽乗用車たちだといっていい。

ちなみに日本初の軽4輪乗用車は1955年10月に発売された鈴木自動車工業(現スズキ)の「スズライトSS」である。フロントにエンジンを搭載し前輪を駆動するいわゆるFF方式のクルマだが、これは戦後初の前輪駆動乗用車となった。全長2990ミリ×全幅1295ミリ、ホイールベース2000ミリのボディは車重540kg、乗車定員4名、空冷2サイクル直列2気筒359ccエンジンは最高出力16馬力、最大トルク3.2kgm、変速機は3速フロア、懸架方式には4輪コイルの独立懸架を採用し、発売当初の価格は42万円であった。

■他車を寄せ付けなかった
マツダ・キャロルのデザインとエンジン

1958(昭和33)年5月には富士重工業がスバル360(発売当初の価格は42.5万円)を発売、1960年4月には東洋工業がマツダR360クーペを、1962年2月には同じくマツダ・キャロルを、同年3月には鈴木自工がスズライトフロンテを発売、続いて、10月には三菱最初の軽乗用車三菱ミニカが発売された。昭和30年代はまさに本格的軽乗用車時代の幕開けであった。

わたしはいわゆる高度経済成長の真っ只中で就職したわけだが、当時の会社の業績は伸長の一途を辿り、日々に事業が拡張されていくさまはわれわれ新入社員にとっても目に見えてよく分かった。反面、仕事は大変きつく毎日残業に追われて1ヵ月の残業時間が優に100時間を超えるときも多々あった。そ

マツダR360クーペが登場してから2年後の1962年2月にキャロル360が発売された。後ろのガラスが逆に傾斜したクリフカット・デザインが特徴だが、これは後席に十分なヘッドクリアランスを確保する利点もあった。エンジンは水冷4気筒のアルミ製で走行中の静粛性は特筆もの。当時としてはずば抜けて秀逸なエクステリアと走行フィーリングだった。

戦後、当時の通産省が唱えていた「国民車構想」に最も近い形で開発されたと言われるトヨタ・パブリカ。1961年発売で価格は38.9万円であった。車名は一般公募によるもの。車両重量は580kgと軽かった。

初代パブリカのエンジンは空冷水平対向2気筒で排気量は697cc。最高出力は28馬力／4300回転。最大トルクが2800回転時に5.4kgmと比較的大きく、4段コラムシフトの変速機とマッチして走りは快適、燃費も良かった。

ういう仕事人間にブレーキをかけたのが組合活動であった。職場委員を皮切りに入社3〜4年目にもなると組合の幹部に推挙され、ベースアップやボーナスの交渉時には都内本社へおもむき団体交渉にも臨んだ。

昼休みには従業員を集めて一致団結のため鉢巻きを締めながら労働歌を高らかに歌い、団交のあとには工場へ戻り職場の人間を一同に集めて結果報告をした。鉢巻きと組合の旗に彩られた労組の事務所が第二の職場になったような感じであった。当然のことながらわたしの残業時間は制約され、本質的に仕事人間であったわたしにとっては不本意な勤務状態となっていった。本来の仕事が疎かになり、上司はいつも困惑顔であった。

そんなある日、労連の総会かなにかが湘南方面の観光地で開催された。総会終了後、幹部の先輩が会社まで送っていこうという。彼のクルマはマツダ・キャロルであった。もちろんキャロルは知っていたがじかに接するのは初めてであった。躊躇なく助手席に滑り込んで「一度、乗ってみたかったんです。よろしく」と仁義をきる。ルーフ後方を大胆に切り落としたクリフカットの3ボックススタイルは個性的であると同時に極めて斬新なデザインで、当時の軽乗用車界に新風を吹き込んだクルマだ。

先輩が乗っていたキャロルは1963年に追加設定された4ドア仕様で、当時市場を席巻していたスバル360に対抗して登場したモデルだ。4ドアの利便性やデラックス装備を売り物にして好評を博しマツダの大ヒット商品となった。スバルの空冷2サイクル2気筒に対抗してキャロルは360ccながら水冷4サイクル直列4気筒OHVのアルミシリンダーというまるで小型乗用車並みのハイメカエンジンを搭載してのデビューであった。

走行中の室内は紛れもなく乗用車のそれで、それまで乗ったどの軽乗用車より静粛性に優れていた。2サイクル2気筒に慣れた耳からするとエンジン音はまるで異次元のそれで、音質は小型乗用車そのものであった。水冷直4エンジンを車体後部に横置きにしたリアエンジン・リアドライブ（RR）で、懸架方式は前後ともトレーリングアームの4輪独立式を採用していたから乗り心地も実に良かった。

後席の座り心地も試してみた。後部座席のルーフは十分なヘッドクリアランスを保ちながら後端からスパッと切り落とされ、リアウィンドウはガラスを垂直に立てたクリフカット型になっている。このおかげで小型車並みの後席居住性が確保されていたのだ。しかもエクステリアデザインとしても素晴らしいものであった。全長2980ミリ、全幅1295ミリ、ホイールベース1930ミリの限られた軽自動車の寸法枠内でファミリーカーとしての居住スペースを見事に確保したパッケージングであった。

ただひとつ、フルモノコック構造のボディは当時の軽乗用車としてはいささか重く、車両重量は525kgであった。静かでよく回る水冷4気筒エンジンは最高出力18馬力、最大トルク2.1kgmのパワーで、これに4速マニュアル変速機を組合せていたが、やや力不足の感じは免れなかった。

発売当時の価格は37万円であったが市場の評価は高く、1962年11月には600ccの「キャロル600」を追加設定しシリーズの戦力を高めた。が、その後に登場したミニカ、フロンテ、ダイハツ・フェロー、そして1967年にデビューしたホンダN360など次々に新登場する高性能ライバルカーに苦戦し、キャロルの生産は1970年にその終焉を迎えた。ちなみに2代目キャロルは1989年10月にオートザム・ブランドで登場したが、これはスズキからOEM（相手先ブランドによる受託生産）供給を受けたものでマツダのオリジナルではない。

それにしても、R360クーペやキャロルを見るとマツダは昔からデザインに秀でたところがあり、ひと味違った魅力的な商品作りがうまいと思う。一時はやや迷いの時期がありデザインポリシーにブレを感じたときもあったが、昨今のデミオやアクセラなどマツダ車には他社を寄せ付けない凛とした意匠感覚が発揮されている。あとは中身の勝負であろう。その中身もどうやら期待が持てそうな雰囲気が高まりつつあり、この先のマツダの商品作りが楽しみである。

■実用本位で楽しさに欠けた初代トヨタ・パブリカ

かつて通産省の〝国民車構想〟というのがあった。正式には「国民車育成要綱案」というが、1955（昭和30）年頃の話だ。その条件は最高速度100km/h以上、乗車定員4人、燃費30km/ℓ以上、価格は25万円以下、エンジンは350〜500ccというものである。これをクリアするのはいささか無理な話であったが、この構想は自動車メーカーに刺激を与えたことは事実だ。各メーカーが大衆車を本気で開発するきっかけにもなった。

その結果がパブリカUP10の登場となった、といっても過言ではない。トヨタは足掛け6年という長い開発期間をかけ1960年秋の第7回全日本自動車ショウ（当時はショーといわなかった）でその勇姿をお披露目した。もちろんわたしもショウを見にいき確認したが、才色兼備というわけでもなく、どちらかといえばごく平凡な印象であった。

パブリカが市場投入されたのは翌1961年6月からで、当初の価格は大方の予想を下回って38万9千円と設定された。この頃スバル360が37万5千円であったからパブリカはかなり割安感があった。この低価格設定は明らかに一般大衆とりわけサラリーマンをターゲットとしたもので、確かに反響は大きいものであったが、販売実績はなかなか思惑どおりには伸びなかった。

その原因は余りにも実用本位の出来で簡素すぎるからだといわれていた。後に「デラックス」を新設定（1963年7月発売）したが、これは大いに歓迎され、このときを転機にパブリカの販売実績はグッと伸びていった。

わたしがまだ新入社員の頃、このデラックスではなく初期のパブリカで通勤していた先輩社員がいた。部署は異なったが優しい先輩で退社時間が合うときはときどきわたしを同乗させ、走りながらクルマ談義をしてくれた。空冷水平対向2気筒OHV697cc 28馬力エンジンは独特の振動と排気音を奏でながらとことこ進んでいく。ちょっと頼りないパワーユニットであったが4段変速機をまめに扱うと結構活発に動き、発進加速にもそれほど不満は生じなかった。

全長3520ミリ、全幅1415ミリ、ホイールベース2130ミリの2ドアセダンで3ボックススタイル、奇をてらったところがひとつもないまともな大衆車であった。パブリカの開発責任者（主査）は戦前航空機の設計に携わっていたひとだけに軽量化にはひと一倍長けていてパブリカの車両重量は580kgに収まっていた。したがって空冷2気筒の小さなエンジンでもカタログ上の最高速度は110km/h（推定）を計上していた。

ところで、パブリカの開発責任者は長谷川龍雄氏（故人）である。初代および2代目カローラの主査を務めたことはつとに知られているが、パブリカも手懸けていたことはあまり知られていない。主査はいうまでもなく新型車の企画から生産まですべてを統括する開発責任者だから、そのクルマが発売されてからの売れ行きに誰よりも神経質になるのは当然のことだ。パブリカはクルマとしての評価はかなり高く発売当初こそ好調であったが、その後は目標台数の半分にも達しない有様であった。

なぜか。パブリカが思ったほど売れない理由はどこにあるのか。ひとことでいえば、メーカーのねらいとユーザーの要求との間にかなりの温度差があったのである。大衆車パブリカのコンセプトはあくまでも実用性と経済性であり、実用性をそこなわない範囲で可能なかぎり簡素化して低価格を実現することにあった。これがユーザーに受け入れられなかった。ユーザーから「楽しさに欠けたクルマ」として敬遠されたのである。

機能および性能面では優れていても、あまりにも質素で乗る楽しさに欠けているというのだ。ユーザーとしては多少購入価格が高くなっても、もう少し豪華な雰囲気が欲しかったのだ。結局パブリカ不振の原因は「実用本位で簡素すぎる」ことにあると分かったのだ。

生前、わたしはカローラ生誕40周年を記念して『トヨタ　カローラ』（2006年、三樹書房刊行）を書き上げるために長谷川氏の自宅へ取材をしに行ったことがある。そのとき、ついでにパブリカの問題点についての話も伺うことができた。長谷川氏は当時の真相をこう語ってくれた。

「いざパブリカを発売してみると、クルマの評価はかなり良かったんです。素晴らしいクルマだといってくれた人もいたんです。なのに販売成績がどうも上がらない。なぜか、いろいろ考えてみると、当時の自動車技術のレベルでは原価管理とのバランスからぜいたくなクルマができなかった。と同時に、日本の経済力およびお客さまの購買力と、モータリゼーションとがうまく噛み合っていなかったんですね。ふところは寂しいのに買うならもうちょっと立派なものが欲しいという。で、あとからデラックスとかコンバーチブル、バン、ピックアップなど変わり型を出してひと息つきました」。

パブリカ不振の原因が解明され、その打開策が具体化されている頃、長谷川氏はまったく新しい次のクルマの構想を描いていたのだ。名車カローラである。当然のことながらこのパブリカの苦い経験がしっかりとその構想のなかに生かされていた。その基本方針があの有名なカローラの「80点主義プラスα」といわれるもので、以来トヨタの設計思想の基になったものである。

長谷川氏はインタビューの際に「80点主義」についてこう説いてくれた。「簡単にいえば、落第点がひとつでもあってはダメ。つまり経済性とか機能性などについては合格点でも、ほかのところで70点……ではダメなんです。カローラの場合はこれにプラスαを加えました。これは、全部80点でも、さらに90点を超えるものが幾つかないとダメ……というもので、カローラの場合はプラスαにスポーティ性を選びました」という。

このときの長谷川氏の話しぶりには芯の強さが窺えた。あのときの柔和な眼差しがいまでも忘れられない。あらためてご冥福をお祈りしたい。

■個性的なダットサン・ブルーバード410、自慢のマイカーだった

わたしは中古の初代クラウンRSを購入し、初めてのマイカーとして使用していたが、社会人も2年目になると、頭のなかではそろそろ新車にでも買替えようかと欲が出てきた。この頃は軽乗用車を含め

ると魅力的なクルマがたくさんあり、パブリカもその候補のひとつであったが、1963年9月に日産からデビューした2代目ブルーバード（410型）はなぜか心に訴えるものがあり、ひょっとしたら次はこれになるかといった予感めいたものがあった。

その予感が確信に変わったのは1964年6月に追加設定された410型2ドアセダンを見たときであった。1959年8月にデビューした初代ブルーバードP310型は非常にバランスのとれた端正なスタイルで人気が高かったが、2代目はイタリアの名デザイナー、ピニンファリナが基本デザインを施した当時としては新鮮かつモダンなエクステリアで、それまでのボクシーなイメージは完全に払拭されていた。

フロントフェンダーからリアフェンダーにかけての太い帯状のプレスラインが特徴で、加えてやや尻下がりのスタイルが好みを二分していたが、これが却って個性的なスタイルとなって、わたしにはそれほど抵抗感のあるデザインではなかった。

この頃の乗用車の価格は概ね360ccの軽乗用車が38万円前後、800〜1000ccの大衆車クラスが40〜50万円台、1500cc前後の小型車が60万円台であった。わたしが購入を決意したブルーバード410型1200デラックスは64万円で、分相応の価格とはいえなかった。わたしの年収からいけば当然軽乗用車が妥当な線であったが、これといってカネのかかる道楽もない独身の気楽さから月給の大半をクルマの月賦に注ぎ込んでも構わないと思っていた。

ブルーバード410型の価格はわたしの年収の2倍ほどであったが、頭金を3分の1支払って残りを2年間で返済するならなんとかなるだろうと比較的安易な計画で販売店と購入契約した。いまなら輸入車の中型高級車か国産の大型上級車を買うようなもので、経済的にはかなり無理な話ではあったが、そこは若気の至りというか恐いもの知らずで、あまり先のことは考慮していなかった。それにしても当時の世の中はまさにマイカーブーム、大方の消費者は多少の経済的無理を承知の上で乗用車の購入へと走っていった。

1964年といえば東京オリンピック（第18回）が開催された年であり、東海道新幹線が開業され、首都高速道路が開通した年でもある。乗用車の生産台数は58万台を超え、運転免許取得者数は1500万人を突破していた。秋のモーターショーは第11回目を迎え、このときから「東京モーターショー」（晴海会場）と呼ばれることになった。世の中がめまぐるしく発展し、社会は著しく活気づいてモータリゼーションの進行が予想以上に速く進んでいったような気がする。

ブルーバード410型を手にしてからはいささか生活に変化が生じてきた。休日出勤が当たり前であった勤務状態は、日曜日と祝日はできるだけ休むようになり、休みの日は家族を乗せてドライブを楽しむようになった。とにかくそれまでの中古のクラウンRSとは比較にならないほど軽快で乗り心地がよく、シートの質といい部屋の広さといい明るさといい室内の居住性は素晴らしかった。ダッシュボードのデザインも質感も機能性も今昔の差が顕著で、国産車もずいぶん進化したものだと実感した。

いいクルマを手にするとドライブ好きになり仕事の勤務状態も変わるものなのだ。これでわたしの趣味（道楽）はジャズ・ヴォーカルとドライブということになった。

ブルーバード410型のボディ寸法は全長3995ミリ、全幅1490ミリだから、いまでいえばフィットやヴィッツよりわずかに全長が長いだけで細身の小柄な体であった。が、いま思い起してもそうは感じられない。高級感に満ちた立派な5人乗り小型車に思えた。その頃家族といっても両親だけだったから、2人を後席に座らせてわたしは運転手よろしく両親の希望する観光地へよくドライブしたものだ。

水冷直列4気筒OHVエンジンは1189ccで最高出力55馬力、最大トルク8.8kgmだが、これにコラムシフト(リモートコントロール式)の前進3段変速機を組合せたパワートレインは比較的軽量な915kgのボディを力強く軽快に引っ張り、それまでのクラウンRSでは得られなかった新しい世界を与えてくれた。

直線の続く舗装路で初めて90km/hを出して自分でも驚いたことがある。免許を取得してから自分にとっては初めての〝高速〟であった。これがきっかけとなったのであろう、以来、スピードの魅力に取り憑かれ、ドライブのアベレージは一段とレベルアップされていった。ちなみにブルーバード410型の最高速度はカタログ上で120km/hであった。

いまでこそトヨタはわが国を代表する(というより世界的な)自動車のトップメーカーだが、わたしが410で楽しんでいる頃は日産がいちばん勢いのある人気メーカーであった。プレジデントを筆頭にセドリック、フェアレディ1500、シルビア、ブルーバードなどセダンからクーペやスポーツカーまで魅力的な車種を取り揃えていた。しかも当時の日産車はデザイン的にも総合性能も明らかに他社をリードしていた観が強い。当時、日産とトヨタの熾烈な販売合戦はブルーバードVSコロナで象徴されるが、大勢はまだ日産に分があった。

昭和30年代も後半になると高速道路をはじめとして一般路の整備も急ピッチで進みクルマが快適に速く走れる時代になりつつあった。そういう時代の流れを的確に捉えた各メーカーは、以前のように頑丈さだけを売り物にすることなく、空力的に優れたボディスタイルをデザインしたりエンジンの出力を高めたり操縦安定性のレベルをあげたり、乗用車の総合走行性能をアピールする方向へとシフトしてきた。

加えて1963年5月にはわが国初の本格的レースである第1回日本グランプリ(日本GP／鈴鹿サーキット)が開催されダットサン・フェアレディが大活躍、マイカー族もモータースポーツに関心を持ちはじめた時期だ。翌1964年の第2回日本グランプリではプリンス自動車工業のスカイライン2000GTがポルシェ904と互角に渡り合う熱戦を繰り広げ大変な話題となった。これらが刺激となってますますスポーツ熱は高まり、市販車にもスポーティな要素が容赦なく入り込んできた。

ホンダS500、同S800、いすゞベレットGT、スカイライン2000GT、トヨタ・スポーツ800、日産シルビア、ダイハツ・コンパーノスパイダー、日野コンテッサクーペ、コロナハードトップ、マツダ・ファミリアクーペ等々、1963年から65年にかけては普通のセダンとは趣を変えたスポーツ志向の車種が各社から続々登場した。

日本GPでポルシェと接戦を演じたスカイライン2000GTは、プリンススカイライン1500の車体をベースにノーズを延長しグロリア用6気筒エンジンをフロントに押し込んだ競技専用車であったが、1964年5月にはこの高性能車が一般にも市販され初代スカGの愛称でマニア垂涎のGTカーになった。これを作り上げたプリンス自動車工業と日産自動車が合併したのは1966年8月で自動車業界最大のサプライズとなったが、以後、新生ニッサンは次々と魅力的なスポーティカーを世に送り出すこととなった。

筆者が中古クラウンRSの次にマイカーとして購入したブルーバード410型は外観もさることながらインテリアにも高級感が溢れ、いわゆるラジオ型インパネ周りの意匠にも新鮮味があった。変速機は3段コラム式。

1964年当時といえばまだ外国車への憧れが強かったが、この年の5月鈴鹿サーキットで開催された第2回日本GPレースでは国産スカイラインGTがレーシング・ポルシェと首位を争う死闘を演じ、外国車への劣等感を払拭させた。

トヨタ・スポーツ800。パブリカと基本的に同じエンジンを搭載し、空力特性に優れた軽量ボディを被せた本格的スポーツカーだ。1965年に発売された当時は59.2万円であった。車両重量が580kgと軽いので45馬力で最高速は155km/hも出た。

1960年代に入ると高性能乗用車が続々登場し、スポーツ志向のクルマが各社から数多く発売された。とりわけフェアレディやスカGでこの分野をリードしていた日産はスペシャルティの先駆ともいえるシルビア(写真)を1965年に発売した。

スポーティカーの当たり年ともいえる1965年にダイハツからもルーフをソフトトップ(幌)にしたオープンカー「コンパーノスパイダー」が発売された。水冷直列4気筒OHV958cc 65馬力エンジンを搭載。価格は69.1万円。

仏ルノー車の国産化で得た技術を進展させて日野は独自にコンテッサを開発、最初は1961年にコンテッサ900(PC10)を発売、1964年には1300セダン(PD100)を発売、さらに翌年には1300クーペ(PD300=写真)を発表、イタリアのミケロッティによるその流麗なボディデザインは大いに注目された。

1964年に発売されたトヨペット・コロナRT40(セダン)をベースに開発されたのが翌40年に登場したコロナハードトップRT50だ。センターピラーがなく側面の窓が全面オープンになる開放感溢れたクルマで、当時のベストセラーカーの1台となった。

1965年に登場したマツダ・ファミリアクーペ。スタイリッシュで格調高い造形は同級車のなかでも抜きん出ていた。1000cc 68馬力エンジンはアルミ合金製でOHC 5ベアリングを採用、車両重量は790kgと軽かった。

自慢のブル410が新鋭カローラ1100に負けた屈辱の日

1960（昭和35）年のわが国の乗用車保有台数は46万台弱で保有水準はなんと208人に1台の割合であった。その頃アメリカは2.9人に1台、フランスや西独（当時）でも約10人に1台という水準であったから、わが国のそれがいかに低かったかが分かる。

ところが昭和40年代にはいるとわが国の保有水準は飛躍的に向上した。1969年末の乗用車保有台数は690万台を超えて14.8人に1台の水準にまで達したのだ。これを単純に世帯数で割ると5世帯のうち1世帯が乗用車を保有していることになり、これは9年間で15倍の成長を成し遂げたことになる。日本のモータリゼーションはまさに日の出の勢いであった。

それにしてもこの頃の日本はあらゆる分野で快進撃を続けていた。1968年には国民総生産が米国についで自由諸国のなかでは第2位に達するなど、わが国の経済は目を見張るほどの高度成長を続けた。それはまさに現在の中国の勢いによく似ている。太平洋戦争で徹底的に叩きのめされた日本が戦後23年でGDP世界第2位になるなど誰が想定していただろうか。

さらに三種の神器（テレビ、電気冷蔵庫、電気洗濯機）の普及が一段落したと思ったら、1965年には個人消費の急速な拡大は〝3C〟と呼ばれる大型耐久消費財に移っていった。すなわち「カー、クーラー、カラーテレビ」である。こうした時代の波は、各自動車メーカーから登場した1000cc級大衆車の充実とともに空前のマイカーブームを招いたのである。

1966年をあるジャーナリストは「マイカー元年」と呼んだが、それは同年4月に日産のサニー1000がデビューし、つづいて同年5月に富士重工業からスバル1000が新発売され、そして10月にはカローラが発表されるなど、本格的大衆車がいっきに花開いたからだ。マイカー元年とはなかなかうまい命名だと思う。

その頃わたしは社会人の4年生であったが、カローラが新登場した頃は月給も3万円をわずかに超えていた。が、大衆車の価格は年収をはるかに超えていたので、クルマを買うことはかなりの勇気を必要としたのである。それでも同年代の若者たちはマイカー購入を真剣に考え、夢を現実のものとした仲間がつぎつぎに増えていったものだ。その若者たちのハートに大いなるインパクトを与えたのはやはりカローラだといっていい。

ところでわたしが初代カローラと初めて出会ったのはいまからざっと半世紀前（1966年）の晩秋である。場所は東京の世田谷と横浜の保土ケ谷を結ぶ第三京浜の路上で、ここは大変走りやすい高速道路であった。当時の走り屋にとっては愛車の性能を試す絶好の〝テストコース〟でもあり、いまではまず走行不可能な高速で飛ばす人も時折見かけたほどだ。

そのときわたしの愛車は新鋭ブルーバード410型2ドアセダンであった。イタリアの名デザイナー・ピニンファリナの手になる当時としては最先端の乗用車で、いわゆる2代目ブルーバードと呼ばれていた。当時では最もモダンなスタイルであったし、1189cc 55馬力のエンジンによるスポーティな走りは十分に自己顕示欲を満足させてくれた。

ところがその日、所用で第三京浜道路を快走していると前方に見慣れない白い小型車が左端のレーンをおとなしく走っていた。その頃のわたしはクルマ雑誌を定期的に購読しているカーマニアというわけではなく、走行中のクルマの後ろ姿を見て即座に名前を言い当てるほどの知識を持ち合わせていたわけでもない。その年の秋に開催された第13回東京モーターショーにでも出掛けていれば新型カローラの勇姿が目に焼き付いていたであろうが、仕事が忙しくショーには行っていなかった。

わたしはメーカー名と車名を確認しようと後ろから静かに近付き並走しながらなかを覗いた。室内にはわたしとほぼ同年代の男性が4人乗っていた。エンブレムによってクルマはトヨタのカローラであることが分かった。少し前に出て斜め左後方にフロントグリルを垣間見ながら縦格子のグリルに丸目のヘッドランプを確認した。新聞紙上の広告写真と同じ顔がそこにあった。

前後して並走している私の行為がかれらを刺激したのであろうか、あるいは挑戦を受けていると判断したのであろうか、あるいは邪魔なヤツだと思ったのであろうか、いや、いまにして思えば相手はおそらくこの機会をじっと待っていたに違いない。しばらくあってかれらは急に加速し始めた。わたしもまだ血気盛んな歳であったから、当然負けじとアクセルを床まで踏み付けた。410型がどんなクルマであるかは熟知していたし、その性能を十二分に引き出して走れば負けることはないと信じていた。

しかし、その白い4人乗りのクルマはわたしを嘲笑うかのようにみるみるうちに遠ざかってしまった。その鋭い加速はわが愛車410型の実力からみるとまるで次元の異なる世界のようであり、私に与えた衝撃は極めて大きいものがあった。その頃のブルーバード410型といえば国産マイカーを代表するほど気位の高いポジションを得ていたクルマだけに、そのコンパクトな白いクルマによって受けた屈辱は終日忘れられなかった。

■知れば知るほど好きになった　スポーティなカローラ1100

それからのわたしの行動は早かった。数日後、最寄りの「トヨタ・パブリカ店」(当時カローラを扱っていた販売店)に足を運び、ブルーバードを下取りに出してカローラに買い替えてしまった。ボディカラーはわたしに屈辱感を与えたあのクルマと同じ白色にした。1966(昭和41)年暮れのことである。

販売店の担当者がわたしの家までカローラを届けにきて取扱いの説明がひと通り済んだあと、わたしはひとりで運転席に座りしげしげと室内全体を見回した。そのときの第一印象は今でもはっきりと覚えている。「まあ、なんて簡素な室内だろう」であった。計器盤とダッシュボードとステアリングホイールのデザインおよび質感はブルーバード410型とは格段の差があった。シートも内張りも明らかに格差があった。410型には小型車としてのグレードの高さと品質感があった。それはボディの外板を手でこつこつ叩いても分かることであった。410型はいかにも重厚で剛性感に溢れた手応えがあったが、KE10型

初代カローラに砲弾型フェンダーミラー付きのSLが追加設定されるとためらうことなく乗り換え、当時流行し始めたラジアルタイヤを装着してスポーティ走行を存分に楽しんだ。

1966年11月から発売された初代カローラ1100。キャッチフレーズ「プラス100ccの余裕」はライバル日産サニーを意識したものだった。車両重量はスタンダードで690kg、デラックスで710kgと軽かった。

初代カローラに搭載のK型エンジンは直列4気筒OHV 60馬力。正面から見て右に20度傾斜している。OHVだがハイカムシャフト方式を採用して高速回転時のバルブ追従性を高めている。1984年にK型シリーズとして生産累計1000万台を超えた。

初代カローラ(KE10型)の特徴の一つに変速機がある。フルシンクロの4速フロアシフトだが、そのシフトレバーは床面から長く伸びたもので「まるでトラックのようだ」と当時は酷評されたものだ。しかし機能的には問題なく節度感のあるスポーティなフィーリングは次第に評価されていった。

（初代カローラ）はポコポコと薄手の軽い音がした。

最も違和感があったのは床面からひょろ長く突き出ている4段フロアシフトのレバーであった。まるでバスかトラックのそれのように武骨で、かつ細長く頼りなく思えた。しかしシートの座り具合や各操作系の配置などいわゆるドライビングポジションには難点がなく、後席のスペースどりも天井の高さもこのクラスとしては上出来であった。また、当時の乗用車の計器盤は決まったように横長のラジオ型であったが、KE10型は大胆にも大径丸型計器を2個ドライバーの真正面に並べた斬新なデザインで、いかにもスポーティな雰囲気を醸し出していた。この辺りの機能性を含めた雰囲気作りは今日のトヨタ車にも共通するDNAのように思える。

質感はともかくとしてボディスタイルは大変気に入っていた。こんなに素晴らしいデザインがよく生まれたものだと心底思っていた。なで型のセミファストバックのシルエットにはこれまでの国産車には見られなかった斬新さがあった。適度に曲面を利用して無駄のない姿態を形成し、近代的かつ理知的な匂いが全姿から発散されていた。さらに縦型格子状のラジエターグリルにも好感がもてた。当時の国産乗用車の流れから見ると全体的に革新的で先進性が漂っていた。

水冷直列4気筒K型エンジンは排気量1077ccながら60馬力の最高出力と8.5kgmの最大トルクを発生したが、なにより新鮮に感じたことはエンジンの吹きあがりがすこぶるよく、アクセルの踏み込みに対して鋭いレスポンスを示すことだった。そこにはこれまでのクルマでは得られなかった軽快なフィーリングがあった。その秘密は、K型はOHVながらカムシャフトをシリンダーブロックの上部に配置しているいわゆるハイカム機構を持っていたので、高速回転時の動弁機構の追従性が著しく高められていたからだ。そしてこのエンジンと4段ミッションの組合せが素晴らしい加速力を生み出す秘密だった。

ステアリングホイールを握ってまん丸いシフトノブに左手をかぶせると、なぜか未知への冒険に旅立つ前の胸騒ぎにも似た熱い思いがじわじわと込み上げてきたものだ。そして購入してから走り込むほどにカローラのなんともいえぬ不思議な魅力に取りつかれてしまった。ひょろ長いシフトレバーの操作にも慣れ、4段変速機をこなすまでにウデが上がるとますますクルマの走りの世界にのめり込んでいった。

KE10型にひと目惚れしてから私のクルマに対する関心はにわかに高まり、クルマ雑誌を急に買い込んだりしてはカローラに絡んだ記事などに目を通してみた。ごく普通のオーナードライバーというものは、自分が関心を抱いているクルマの特集などが出ているとその雑誌を買ってみたりする。当時の私もそんなきまぐれ読者にすぎなかったのだが、カローラを手にしてからはクルマへの興味は増幅するばかりで、いささか大げさにいえばわたしのそれからの生き方はカローラによってがらりと変化することになったのだ。

第2章

試行錯誤ながら意欲的な高性能車が次々登場した60〜70年代

自動車雑誌編集部へ転職し試乗記事に新風を吹き込む

■自動車雑誌編集部へ転職。

カローラがわたしの人生を変えた！

1967（昭和42）年の春、わたしは自動車雑誌を発行している出版社の新聞広告を見つけた。社員募集中とあった。当時クルマ雑誌に興味を持ち始めていたわたしはこれらの雑誌の作り方や特集の組み方などにやや不満を覚えていた。わたしが編集すればもっと面白い雑誌ができるに違いない、もっと読者を満足させることができるに違いない、などと自惚れさえ感じていた。で、よし、ひとつこの出版社でおれ流の雑誌を作ってみるか、といま考えても空恐ろしい野心を抱きつつ入社試験を受けにいったのだ。

試験会場にはざっと30人ほどのいかにも賢そうな人間たちが着席していた。みんな文系出身の優秀な人たちなのだろうかと思うと、それだけで戦意は少々喪失気味であったが、筆記試験が始まるとわたしはもう夢中で問題に取り組み鉛筆を走らせた。ひと息ついてふと顔を上げるとわたしの真ん前にかっぷくのいい白髪の紳士が立っていて、わたしと目が合うと軽くウィンクをしたのだ。

後日その出版社から待望の御呼びが掛かった。何人受かったのだろうかと気になったが、指定された待合室にはわたししか居なかった。なんのことはない、結局受かったのはわたしひとりであったことが分かった。やがて促されて社長室に入るとあの白髪の紳士が居るではないか。彼は社長さんだったのだ。「編集部で大いに腕を振るってくれ、期待しているぞ」という。

わたしは嬉しさと緊張感で顔面を引きつらせながら「頑張ります、ありがとうございました」と返事をしたが、さあ大変、編集という仕事なんぞこれっぽっちも経験したことがないうえ、無論実務も知っていない。しかし「なぜウチを受けたのかね」と聞かれたときは「もっと売れる雑誌を作ろうと思いまして……」などとついおおぼらを吹いてしまったからもう後には引けない。こうなりゃ当たって砕けろだと心を引き締めた。

こうしてついに、仕事一徹堅気の猛烈サラリーマンであった私は病高じて出版社に転職、しかも思い通りの自動車雑誌編集部に〝転職〟することになったのだ。人様に勧められたわけでもない、全部自分で方針を決め実行に移しただけだ。その転職のきっかけを作ってくれたのがカローラであったことは間違いない。わたしの生き方がカローラによってがらりと変わったというのが、決して大げさでなかったことがお分かりいただけたと思う。

わたしが転職に成功し晴れて自動車雑誌出版社に就職したのは1967年春であった。その頃編集部ではちょうどカローラの大特集を組んでいて、試乗テスト、車両解説、開発コンフィデンシャルといったページの各担当者が忙しそうに編集実務をこなしていた。昼休みになると部員たちが編集長を囲んで特集についての雑談が始まった。試乗担当者はカローラの卓越した発進加速性能の計測データを披露しながら「最高速度はカタログ数値を上回っています」という。車両解説担当者はカローラの整備性の良さに感心しながらエンジンルーム内の様子を分かりやすく話してくれた。

編集長は開発秘話の取材でトヨタ本社に出向き長谷川龍雄主査に会ってきたばかりだ。そのときのインタビューの様子をユーモアを交えながらみんなに話してくれたが、話を聞いているうちにわたしは是非一度長谷川主査にお会いしたいものだと強く思った。後日、といってもざっと40年後になってしまったが〝カローラ3000万台の軌跡〟として『トヨタ カローラ』（2006年12月刊行）を執筆するにあたり、おそまきながら長谷川氏の自宅を訪ねてカローラ開発裏話を改めて聞くことができた。わたしにとっては40年前の夢がかなったわけである。

長谷川龍雄氏の書斎には高高度迎撃戦闘機「キ94」のきれいなスケールモデルが飾ってあった。彼は東京帝国大学航空学科を卒業後立川飛行機に入社し、戦時中キ94の開発設計主任を務めていただけにこの戦闘機には愛着があったのだろう、わたしが「ちょっと見せてください」といって手を伸ばすと「あっ、触っちゃだめ。これは大切なものなので……」とあわててわたしを制した。しかしそのときの目はあくまでも柔和で微笑みさえ浮かべていた。彼にとってキ94は永遠の恋人なのであろう。カローラはキ94の申し子といえるのかもしれない。

初代カローラの主査長谷川龍雄氏に会えたのはこれが最初で最後であった。わたしが取材でお邪魔してから2年後の2008年4月に彼は92歳の天寿を全うした。

ところで新入社員にとって最初に配属された部署の先輩・上司が（いろんな意味で）良きひとびとだと毎日が楽しいしやる気が出るというものだ。大学を出て初めて社会人となった製油会社のときも周りの人間には恵まれていた。同じ課に大学の先輩もいたし、なにより配属部署の課長がわたしを可愛がってくれ、出張時やアフターファイブの業者との付き合いに度々わたしを同行させては社会科の勉強をさせてくれた。それだけにわたしが〝一身上の都合〟で退職したい旨を告げたとき課長は大変に残念がっていた。

そして転職した出版社の編集長も編集部員もみんな人柄も良く暖かい人達であった。その意味ではわたしは大変ツイていたのかもしれない。とりわけ編集長は他人に対する思いやりがあり博識があって懐の深い人であった。本人に直接聞いたわけではないのだが彼は学生（東大）時代にフルブライト奨学生として米国へ渡ったことがあるという。優秀な人材育成のために1952年から日米間で始まった「フルブライト交流計画」は当時の超エリート学生の目標でもあった。編集長は昼休みなど弁当を食べながらひとり分厚い英語の本を読んでいたから間違いなくその輝かしい経歴の持ち主であったに違いない。彼もすでにこの世にはいない。おそらく天国でも英語の原書を読んでいることだろう。あらためて感謝の気持ちを伝えたい。

▩一人四役、なんでもこなしたアナログ時代の自動車雑誌編集部員

1967（昭和42）年の春、わたしが配属された月刊の自動車雑誌の編集部は総勢8人から構成されていた。当然のことながらみんなクルマ大好き人間であった。編集会議は月に1回、出張校正が終わってから2日後あたりに開かれた。部員各自がひねり出した様々な企画の提案に始まり、次号発売のタイミングを考慮した新型車のテスト、自動車業界のコンフィデンシャル、タイアップ企画など侃々諤々の会議は実に面白かった。最後に編集長が企画案をまとめて台割を作成、ページごとの担当者を決めるという段取りであった。

担当ページの記事はほとんど全てをその担当者が取材し写真を撮り、挿入する図版を用意する。材料がすべて揃ったら今度は升目を埋める作業だ。つまり原稿を書くわけだが、これがひと苦労であった。パソコンを駆使する現在の出版社と異なって当時の編集部員はすべてアナログ作業であったから大変だった。

試乗テストや企画物あるいは被写体が難しいもの

は写真部に依頼してカメラマンを同行させるのだが、写真部員は4人ほどしかいなかったから他の編集部とスケジュールが重なるとなかなか確保できない。結局、編集者が自分でカメラを携えていくはめになる。しかも今日のデジカメのように簡単には撮れないから大変であった。

入社したての頃は割付け(レイアウト)用紙と常に格闘していた。原稿書きにも苦労したがレイアウトにはさらに苦労したものだ。扉の写真あるいは図版の選定から始まってタイトルの決定、タイトル文字の大きさ、写植の書体と級数の決定、記事中に挿入する写真や図版の選定と大きさの決定、そして版下を作成する。版下ができたらそれらの縮小あるいは原寸、拡大さらには組合せ、切り抜きの指定をして製版屋さんに提出、リード分とキャプションと本文の量を決めていよいよ執筆となる。

商業雑誌の場合は売れるものを目指すため誌面のデザインを優先するので、ほとんどの場合はレイアウトを先に決める先割りをし、記事の行数はその結果待ちとなる。ところが、原稿に熱が入ってくると予め決めた行数を大幅に超えてしまう。この辺の調整になかなか苦労したものだ。

台割どおりに完全入稿するといよいよ出張校正となる。大体が月末に近かった。印刷所の校正室に出向き編集長以下部員全員が缶詰となって終日ゲラと取り組む。初校は赤字だらけとなるが、それを戻すときれいに直った再校が出てくる。清刷りを鋏で切り抜いてこの再校紙に貼りつけ最終的なチェックをする。ほとんどの場合この再校で責了となる。清刷りを貼ると誌面のイメージが明確になり、それは即レイアウト(デザイン)の反省材料にもなる。部員同士が遠慮なしにお互いの担当ページを批評し合うのもまた楽しかった。

出張校正は2〜3日続くが、その期間中の帰宅時間はまさに印刷所次第で、夕方の場合もあれば深夜さらには明け方になるときも珍しくなかった。朝帰りである。したがって出張校正が始まると3〜4日間は計画がまったく立たず予定表をブランクにしておかなければならない。その代わり、校正明けになると翌日は休暇が与えられ、このときは全開で韋駄天ドライブを楽しむ。これで気分もすっかりリフレッシュ、休み明けに開かれる編集会議のときに提案するアイデア企画がつぎつぎと湧き出てきたものだ。

■3代目クラウンで初体験した 名神高速道路長距離試乗テスト

そんなサイクルでざっと半年が過ぎた。編集実務にも慣れ運転技術にもますます磨きがかかってきた頃トヨタのクラウンが5年ぶりにフルモデルチェンジして3代目となった。2代目RS40系からMS50系に代わったのである。1967(昭和42)年9月のことだ。

3代目クラウンは、高速道路網の拡充と同時に高まり始めた「ゆとりのある高速長距離セダンを」というユーザーの要望に応えるため開発されたもので、高速走行における操縦性と居住性の向上そして振動騒音の低減が主な狙いであった。ボンネット先端に切り込まれた独特の4灯式ヘッドランプの配置が個性的なフロントマスクを作り上げていたが、MS50系の最大の特徴はそれまでのX型フレームに代えてペリメーターフレームを新規採用(当時では日本初)したことだ。床面を深く且つ広くとれ、しかも衝撃軽減にも効果的なフレームだった。

クラウンは初代も2代目も公用あるいは社用車としての需要が圧倒的に多かったが、3代目の大きな特色はこれら法人向けのシェアから個人オーナーの獲得にシフトしてきたという点であった。

法人向け中型車の車体色は黒塗りが常識であったが、3代目はその常識を破って「白」を前面に打ち出してきたのである。そしてあの有名な「白いクラウン」キャンペーンが大々的に展開されたのだ。高級乗用車イコール黒塗り車体（＝法人需要）のイメージはここに一新され、社用車の黒塗りに対する自家用宣言が高らかに謳われたのだ。エンジンは2代目の直列4気筒からM型直列6気筒OHCが主力となり動力性能は大幅に向上した。

当時の自動車専門誌はこぞって3代目の新機構や新装備さらにはその高性能ぶりを多くのページを割いて紹介していたが、わが編集長は3代目クラウンの開発の狙い即ち「ゆとりのある高速長距離セダン」にこだわって、24時間ノンストップで走ったら乗員にどのような影響を与えるのか試してみようじゃないか、という大胆な企画を提案した。ダイナミックな特集を組もうというのだ。そして舞台は1965年に全線が開通したばかりの名神高速道路（小牧～西宮間）に決定した。

試乗担当者は2名で構成されたが、24時間走行にはやはりもうひと組み必要だろうというわけで編集長は自ら試乗スタッフに加わり、相棒にわたしを選んだ。2組が交代しながら走り続けようというわけだ。カメラマンを含めて5人のメンバーは早速小牧IC近くのベース拠点（旅館）に集合、細部の打合せをすることになった。

小牧～西宮間はざっと190kmだが西宮インターを降りてUターンし再び小牧に引き返し旅館で乗員交替するときはざっと走行距離が400km近くになっている。往復の所要時間は概ね4時間を要するので少なくとも6往復しなければ24時間連続走行にはならない。なかなかキツいテストであったが、初の長距離長時間試乗テストはその後のわたしの自動車雑誌編集稼業にいい経験となった。

先発組が拠点の旅館に戻ってきていよいよ編集長とわたしの番だ。初めは編集長がハンドルを握り往路を行く。復路は交替してわたしがハンドルを握った。かつて初代クラウンの中古車をマイカーとして使用していたわたしにとって3代目の走りはまさに月とすっぽんの差があった。技術の進歩は予想を超えて速かった。豪華な内装、シートの座り心地、充実した計器盤、余裕の室内空間といった静的進化には目を見張るものがあったが、それより高速走行時の動的ゆとりと安定性は初代クラウンを遥か昔の彼方に追いやってしまった。

普段愛車のカローラばかり乗り回しているわたしが3代目クラウンで初めて名神高速へ乗り入れたときは、操舵感覚にやや違和感を感じたうえ、強いていえば乗り心地優先の柔らかい足回りに若干不満を覚えたが、これらも慣れの問題であり、結果的には長時間の試乗にもかかわらずそれほどの疲労感もなかった。やはり高級中型車の懐の深さというか、作りの良さというか、3代目の開発の狙いは確かなものであった。わが国の本格的高級オーナーカーの時代はこの時からスタートしたといっても過言ではない。

ノンストップの試乗テストも交替の回を重ねると運転にも慣れ名神高速道路の走り方にも余裕が出てきた。そして深夜の名神高速道路の走りはいささか退屈気味となってきた。こういうときが危険なのである。睡魔が襲いかねない。わたしがハンドルを握っているとき助手席の編集長はいろいろと自分の昔話を始め、わたしが眠気に襲われないよう気を使ってくれた。が、そのうちに話は途切れやけに静かになった。

夜のとばりに包まれた3代目クラウンの静かな室内は編集長をセンチメンタルな旅へ誘ったのかもし

れない。ふと彼の横顔を見ると編集長は瞼を閉じかすかな寝息を立てていた。間もなく小牧インターだ。わたしは彼を起こさないように気を引き締め、思わずハンドルを握り直した。

翌年、尊敬すべき編集長は一身上の都合により突然会社を辞めてしまった。その後、自動車情報誌の会社を設立し自ら毎日取材に奔走しているとの風の便りがあった。……それから何年後であったか、彼の訃報がわたしに届いた。

■クラウンには常にトヨタの先進技術が全て注ぎ込まれている！

さて、3代目クラウンは1968（昭和43）年10月になると2リッタークラス初となる2ドアハードトップ（MS51型）をシリーズに加え、本格的なワイドセレクション体制を確立していった。中型自家用市場拡大のための主力車種で、セダンの丸型4灯式のヘッドランプに対してハードトップは角型2灯式のフロントマスクで登場、「白いクラウン」のイメージをさらに高めていった。

翌1969年8月にシリーズがマイナーチェンジをうけ、車体前後を主とするデザイン変更が施され、ボンネット先端に切り込まれた独特のヘッドランプ意匠はごく常識的な横基調の顔に変更された。目玉機種はハードトップに追加設定された新機種スーパーデラックスで、前輪ディスクブレーキ、パワーステアリング、コラプシブルハンドル、パワーウィンドウ等が標準装備であった。パワステは2リッタークラスでは日本初の標準装備だが、これで当時の価格は123.8万円だから、かなりの買得感があった。標準仕様車には110馬力のM型を、ハードトップSLにはM-B型125馬力を、スーパーデラックスにはM-D型115馬力エンジンを搭載、いずれも3速ATまたは4速マニュアル変速機が選択できた。トヨタの車種展開のうまさと巧みな宣伝広告はこの頃から他社を圧倒していたように思う。

1971年2月にクラウンはフルモデルチェンジを受けて4代目クラウン（MS60系／70系、RS60系）の登場となるが、この4代目のフロントデザインは2段構えの顔つきで、たいへん個性的であった。しかし、紡錘型（スピンドルシェイプ）と称する空力重視の先進的フロントデザインは話題にこそなったがあまり世間受けはしなかったようだ。いわゆるクラウンの顔は次の5代目から9代目辺りでほぼ固まったといえる。

厳しい昭和53年度排出ガス規制を見事にクリアしたのは5代目だが、以後クラウンには電子制御を駆使した高性能エンジンと先進装備が代を重ねるごとにレベルアップしていき、基本性能はますます熟成されてクラウンは高級車市場に確固たる地位を築いていった。

いま、現行クラウンの最上級車を仔細に見ればトヨタの技術力のすべてが分かるといっても過言ではないし、それは即ちわが国の自動車技術の水準と言い換えることもできる。これほど内容の濃いクルマが実はほとんど輸出されることもなくほぼ国内専用車となっていることはあまり一般の人に認識されていない。

価格は別として、先進技術満載の最上級クラウンこそ最も買い得のクルマであり、最も安全性の高いクルマであるともいえる。そういうクルマをわれわれ日本人だけが享受できることは、考えてみると極めて贅沢なことである。いずれにしろクラウンの変遷こそがわが国の乗用車の歴史そのものであると断言しても間違いではない。

■明解なスタイルと明るい室内
そして低燃費がウリだった初代サニー

初代カローラが登場したのはマイカー元年(1966年=昭和41年)11月だが、この年の3月には日本の総人口が1億人を超え、翌1967年の7月には日本全国の自動車保有台数が1000万台を突破した。そして年間自動車生産台数は西ドイツ(当時)を抜いて世界第2位(1967年11月)に躍り出ていた。

しかし当時を振り返ると日本がいよいよ自動車大国の一角を占めるようになったという実感はまだなかった。が、敢えていえばマイカー元年を起点として各自動車メーカーから矢継ぎ早に新型車が市場にリリースされ、しかもいわゆるスポーティモデルが数多く登場してきたので、ただ漠然と日本のモータリゼーションは急速に拡大するに違いないという予感めいたものは感じていた。クルマ好き(というより走り屋)にとってはますます楽しい時代がくるのではないかと期待感でわくわくしていたときだ。

マイカー元年の先陣を切ったのは日産のサニー1000であった。無駄のないカキッとした典型的なセダンスタイル(ノッチバックスタイル)で1966年4月に登場した。スタンダード仕様で625kg(デラックス仕様で645kg)という超軽量ボディに、当時のリッターカーとしてはクラス最高の56馬力エンジン(988cc)を搭載していたが、ボディ寸法は大雑把にいえば現在の軽乗用車とそれほど変わらない。全長3800ミリ、全幅1445ミリ、ホイールベース2280ミリと小柄であった。それでも5人乗車時のゼロヨン加速は20.6秒、最高速度は135km/hの俊足を誇った。

当時、サニーを主役にしたライバル車比較の特集などを組むと必ず雑誌の実売率が上がったものだ。このクルマで最も評価すべき点は動力性能にあった。A10型(水冷直列4気筒OHV)エンジンはよほど基本設計に優れていたのだろう、レスポンスがよくフレキシブルで経済性に富んでいた。とりわけ燃費の良さには定評があった。定地走行23km/ℓのカタログ燃費(当時)はかなり現実的なもので、わたしもこの数値に近い実走燃費データを長距離試乗走行で何回か記録したことがある。

A10型エンジンは経済性に優れていたうえ競技用のポテンシャルも高く、モータースポーツの世界ではA10型の発展型A12型が大活躍し、その圧倒的な戦闘力を長期にわたって見せつけたものだ。サニーが登場してから約半年後にカローラ1100がデビューしたわけだが、トヨタは事前にサニーが1000ccで登場するという情報を得て「プラス100cc」に決定したともいわれている。

この両車は以後販売合戦でもモータースポーツにおいても宿命のライバルとして熾烈な戦いを展開するのである。

サニーは車名どおり明るい室内とクリーンなエクステリアが売りであったが、この車名は850万通にものぼる一般公募から選ばれた名前だ。それだけでも当時の話題をさらったものだ。デビューした1966年には早くも車名別乗用車販売台数ランキングで第9位に、翌1967年にはカローラに次ぐ第4位に昇っている。さらにカローラと本格的に熾烈な戦いを始めた1970年からは6年間カローラに次ぐ第2位をキープし続けた。ちなみに1975年の販売台数はカローラが29万8558台、サニーは21万5672台であった。

しかし、残念ながら年々サニーとカローラの販売実績は差が開くばかりで、カローラの独走態勢を許すことになるのだが、販売力もさることながらやはり商品力はカローラのほうに一歩長ずるところが

1967年9月に3代目クラウンが登場した。ハイウェイ時代に向け高速走行における操縦性と居住性に力点が置かれた。ペリメーターフレームを採用し、主力エンジンはM型6気筒OHCに換装、3AT装備車を拡大した。

スピンドルシェイプ(紡錘型)と称する空力重視のスタイルで1971年2月に登場した4代目クラウン。2段構えのフロントグリルと三角窓を廃止したサイドビューが特徴だ。セダンの丸目4灯式に対して2ドアハードトップは角型2灯式。

現行軽自動車級の超軽量ボディ(スタンダード車625kg)に当時のリッターカーではクラス最高の56馬力エンジンを搭載、ゼロヨン加速20.6秒、最高速度135km/hの俊足を誇ったサニー1000。1966年4月発売。大衆車時代の幕を開ける。

サニー1000に搭載されたA10型は、カローラ1100のK型と並んで国産エンジン史に名を残す「名機」だと思う。水冷直列4気筒OHVだが、レスポンスがよくフレキシブルで、かつ経済性に優れていた。

あった。クルマの魅力を左右するエクステリアデザインも、サニーはモデルチェンジするたびにメタボ現象を露呈し、初代のクリーンなイメージから遠ざかっていった。クルマの顔であるフロントグリルも首を傾げるようなデザインが度々採用された。中身(性能)は極めて優れているのだが外観で競争力を低下させていった。ライバル・トヨタのクルマに比して特にエクステリアの出来が劣るとして日産のデザイン力が問われる時期があった。

結局サニーは1966年4月デビューの初代から第9代までの家系を生きながらえたが、2004年10月の国内向け生産終了をもって日本における[サニー」ブランドは消滅してしまった。その後のポジションはティーダ・ラティオが担っているが、いずれにしてもサニーは永遠に忘れ去られることのない日本の名車ブランドである。それにしても7代目から9代目にかけてはセダンの基本に戻った好感の持てるデザインで、結構好評だっただけに、もっと継続生産されてもよかったのではないかと残念でならない。消えた名車に寄せる想いはクルマファンなら誰でも同じであろう。

■直進性に優れたスバル1000、FFの操縦特性を教えてくれたN360

さて、サニー新登場(1966年4月)の翌5月には富士重工業からスバル1000がデビューした。国産初の水平対向エンジンを搭載した本格的大衆車である。EA型水冷4気筒OHVエンジンは排気量977ccで最高出力55馬力、独特の排気音(スバルサウンドと呼ばれた)を奏でながらゼロヨン加速19.9秒、実用最高速度130km/hをマークした。サニーよりわずかひと回り車体は大きかったが車両重量はデラックス仕様で685kg(スタンダード仕様は670kg)にとどまっていた。ちなみに車体寸法は全長3930ミリ、全幅1480ミリ、ホイールベース2400ミリであった。

スバル1000の最大の特徴はFF方式すなわちエンジンを前部に搭載し前輪を駆動する方式で、軽量化に効果があるうえフラットな床面と広い室内空間が得られるというメリットがあった。フロントエンジン・後輪駆動(FR方式)のクルマに馴れ親しんでいたわれわれにとって当初は操舵性にかなりの違和感があったが、優れた直進性と高速安定性には目を見張ったものだ。これがハイウェイ時代の高速セダンと謳われたゆえんだ。

スバルサウンドと欧州調のデザインは多くのスバリスト(あるいはスバリアンともいう)を獲得し、このDNAは今日のレガシィやインプレッサにも継承されている。

1967年はクルマ雑誌にとってネタに事欠かない年であった。ホンダからはFF方式の軽乗用車N360が登場、スズキからはリアエンジン・リアドライブ(RR方式)の軽乗用車フロンテ360、日産はこれまでのブル―バ―ドを大変身させた510型を、トヨタはヤマハと共同開発したスポーツカートヨタ2000GTを、マツダは世界史上初の2ローターRE(ロータリーエンジン)搭載のコスモスポーツを、いすゞはベレットのひとクラス上の本格的セダン、フローリアンを世に送り出した。ブランニューモデルはまだまだたくさんあったのだが、主な車名を挙げてもこれだけある。わたしはこのとしの春に自動車雑誌編集部に転職したおかげで、ここに掲げた車種はもちろん他の新型車にも試乗することができた。

N360は当時の軽自動車の寸法枠(全長3メートル、全幅1.3メートル、全高2メートル)内で大変広い室内空間を作りだし世間をアッと驚かせた2ドア4人乗りセダンだ。他の競合軽乗用車がRR(リ

サニー1000登場の翌5月には富士重工業からスバル1000が発売された。マイカー元年における本格大衆車第2弾だ。国産初の水平対向4気筒OHV 55馬力エンジンを搭載し、前輪駆動(FF)方式を採用した。

当時、軽の寸法枠は全長3m、全幅1.3m。ホンダN360は機能的かつ端正な2ボックススタイルの中に大人4人が楽にくつろげる居住空間を創った。軽初のSOHC機構を持つ空冷4サイクル2気筒エンジンは31馬力。FF方式で車両重量は475kg。1967年3月発売。

フロンテLC10は軽で初の2サイクル3気筒エンジンを後部に搭載したRR車。1967年5月に発売された。当初は25馬力だったが追加設定されたSSは36馬力に出力アップ、このSSでミラノ～ナポリ間「太陽のハイウェイ」750kmを平均時速122.4km/hで走破したのは有名な話。スズキの乗用車の中でこれが一番カッコいいと筆者は思っている。

いすゞがベレットの上級車種として開発、1967年12月に発売したフローリアン。全長は4250ミリだが大きく見える。ベンチシート6人乗りとバケットシート5人乗りがあり、2リッター級の室内の広さが自慢であった。エンジンは基本的にベレットと同じG161型水冷直列4気筒1584cc 84馬力。当時で64.3万円(デラックス)だった。

アエンジン・リアドライブ）もしくはFR方式であったときにホンダは同社初のFF方式を採用し、その結果広い室内と類車中最長の2メートルという長いホイールベースを確保していた。しかもモノコックボディの車体重量は475kgと極めて軽く、空冷2気筒OHCの354cc 31馬力エンジンによる活発な走りには感心したものだ。このエンジンはバイク用2気筒をベースに開発したものといわれている。当時の東京店頭渡価格は31万5000円だった。

新発売後のN360は大変な評判でたちまち軽市場を席巻していったが、ひとつだけ気になる〝風評〟があった。コーナーを攻め込むと転倒するというユーザー報告である。たしか一部のマスコミも当時取り上げたはずだが、われわれ編集部としては軽市場初のFFということでその真偽を探る価値は大きいと判断し、実車でテストしようということになった。

クルマを村山テストコース（当時）に持ち込んでレーシングドライバー並みの腕を持つ部員がN360のハンドルを握ることになった。直線路から一定の半径を一定速度で旋回するのだが、速度を上げていくと車体の傾斜が大きくなりいまにも転倒しそうになる。さらにアクセルをそのまま踏み続けていくと半径の軌跡を超えて前輪が外側に大きく外れていくことが分かった。いわゆるFFの特性である強めのアンダーステアだ。

前輪が外側にずれていくので、曲がりたい方向へクルマが向かない。そこでアクセルを戻すと今度は急激にタイヤのグリップが回復してクルマが内側に回り込む。強めのオーバーステアだ。このときは操舵およびアクセルワークに細心の注意を払わねばならない。FF車のステア特性だが、結局われわれのテストでは大事に至らなかった。しかし、われわれ編集スタッフ一同はN360のおかげでFF車の操縦特性というものをよく知ることとなった。

当時はまだFRもFFもRRも4WDもそれぞれどんな操縦特性を持っているかなどということについてユーザー側も関心がなかったうえ自動車雑誌なども取り立てて啓蒙記事を載せたことがなかった。そこでわれわれは誌面でテスト結果の報告と同時にFF車の操縦特性についてさらなる取材を加え、ユーザーへの啓発を図ることにした。

いずれにしてもN360がその後の軽自動車のパッケージングの作り方に多大な影響を与えたのは事実であり、小型車のFF化を促進したきっかけにもなったことは否定できない。そういう意味からもN360はエポックメイキングなクルマではあった。

■三角窓がなくなった！
すべてに新鮮だったブルーバード510

ところで1967（昭和42）年に登場した新型車のなかで印象深かったクルマのひとつにブルーバード510型（8月登場）がある。ブルーバード510型はそれまでの410型とは打って変わって直線的でシャープなスタイリングをもち、日産初の4輪独立懸架サスペンションを採用していた。前輪には新ストラット型を、後輪には新セミトレーリング型の独立懸架を採用したもので、以後この4独方式は上級小型車あるいは高級車の定番となったほどだ。

当時、われわれの編集長は早速このブルーバード510型の大特集を企画し、まずは開発担当者へのインタビューを自身で担当、加えて徹底的な試乗評価とライバル比較、エンジンと足回りなどのメカニズム解説、そしてユーザーの街頭インタビューも加え、編集部員を総動員して取材に当たった。

わたしはまだ編集部に入って半年もたたない新参者であったから、最後のユーザー街頭インタビュー

三角窓を廃止した先進的デザインで1967年８月にデビューしたブルーバード510型。筆者が自動車雑誌編集部員として本格的に取材活動した初のクルマだ。直線的ですっきりした3ボックススタイルはセダンとして今も色褪せないほどだ。1300は全て72馬力、1600のSSSは100馬力。いずれも水冷直列4気筒OHCで、SSSはポルシェタイプの４段フルシンクロ変速機が標準。全機種４輪独立懸架を採用している。

東洋工業（現マツダ）が1967年５月に発売したコスモスポーツL10A。全高1165ミリと低いスタイリッシュなボディは今も通用するほどカッコいい。世界史上初の491cc×２ローター110馬力10A型エンジンを搭載。

カペラ・シリーズは東洋工業（現マツダ）の創立50周年に当たる1970年５月に発売された。1600ccレシプロとRE搭載のカペラ・ロータリーの２本立てで、REは新開発の12A型573cc×２ローター120馬力、最高速は190km/hを誇った。米国自動車誌「ロードテスト」の1972年インポートカーオブザイヤーに輝いている。

ロータリースペシャルティを謳い文句に登場したRE専用モデルがサバンナだ。1971年９月発売で、デビュー当初はコスモスポーツと同型の10A型エンジンを搭載していたが、後にカペラと同じ12A型に統一され最速スポーティカーの地位を確立した。1972年1月にはロータリー車として世界初のステーションワゴンがデビュー、RE黄金時代を築いた。

世界で唯一RE（ロータリーエンジン）を量産していたマツダにとってモータースポーツはその信頼性と耐久性そして高性能をアピールするための最高の場であった。ル・マン24時間レースに1970年から挑戦を始めた理由もそこにあった。悲願の総合優勝を勝ち取ったのは1991年６月開催の第59回で、マシーンは４ローターRE（R26B型）を搭載したマツダ787Bであった。単室容積はRX−7に積まれていた13B型と同じ654cc。即ち13B（２ローター）×２＝26B（４ローター）である。周回数362、走破距離4923.2kmであった。

を担当させられた。広報車両を取り囲む人に510の印象を聞くのだが、こちら側がただ漠然と「どうですか？」などと聞いても確たる答えは得られない。そこでわたしは510型が三角窓のないことに焦点を絞り、これがスタイリングに新鮮さを与えたこと、しかし従来の三角窓はわずかに開けることにより換気の効果があったこと、開け方を工夫すれば運転者は涼を得られるといった利便性も持っていたこと……など具体的な内容で問答を始めた。

当時のクルマとして三角窓がないことは画期的なことであったから、この設問は功を奏し相手も話に乗ってきた。記事ネタは溢れるほどたくさん揃ったものだ。

いずれにしても当時のセダンでこれほど斬新でスタイリッシュでインパクトのあるクルマは他になかった。スーパーソニックラインと謳われたスタイルは、超音速ジェット機のフォルムを受け継いだクサビ形のシルエットから名付けられたもので、その端正な姿態は今見ても鮮度を失っていない。

標準車は新設計4気筒OHC1.3リッター72馬力エンジンを搭載し変速機は3段マニュアルと3速ATを用意していたが、さらに510には1600スーパースポーツセダン（SSS）という機種があり、これには1.6リッター100馬力エンジンが搭載されていた。変速機はフロアシフトのポルシェタイプ4段フルシンクロメッシュを採用し、ゼロヨン加速17.7秒の駿足を誇っていた。

このSSSにもずいぶんと乗ったが、ポルシェタイプ4段変速機のシフトフィーリングは決して好感が持てるものではなかった。ぐにゃぐにゃと節度感に欠けるもので素早い変速操作にはやや不向きであった。それはともかく、以後このブルーバード510型とトヨタのコロナは販売市場まれにみる激しい〈B対C〉戦争を繰り返すことになるのだ。

■ロータリーエンジン搭載車の歴史は コスモスポーツから始まった

ところで1967（昭和42）年から72年に至る期間は、飛躍的に進歩を遂げてきた国産メーカーの新車開発技術が花を開き、それまでとは一線を画した斬新で魅力的な新車種が続々登場してきた。加えてGTあるいはスポーティ仕様のクルマが各社からデビューし自動車市場はまさに百花繚乱であった。

鈴鹿サーキット（1962年完成）さらには1966年1月にオープンした富士スピードウェイなどで開催されるレースも年を追うごとにメーカー同士の熱い戦いとなり、それがGTあるいはスポーティ車登場の背景にも繋がっていたことは否定できない。

外国車の性能と比較しても見劣りしない国産車を開発するためにはサーキットの存在も大きな意味があり、モータースポーツの隆盛はそのままモータリゼーションの発展に寄与すると信じられていた。当時わたしもレース取材のためによくサーキットに通ったものだが、当時のレース場の熱気は大変なもので、メーカー間のバトルもどこまでエスカレートしていくのか想像すらできなかった。

スポーツモデルのいわば先陣を切って登場したのが1967年5月に登場したマツダのコスモスポーツ（L10A型）である。コスモスポーツは世界初の2ローター・ロータリーエンジン（RE）を搭載した2座席スポーツカーだ。西ドイツ（当時）のNSU社からバンケルREの特許を1961年に買い、以来血のにじむような努力と巨額の開発費を注いでREの実用化に成功したマツダ（当時は東洋工業）はその第1弾としてコスモスポーツを世に送り出した。世界史上初の491cc ×2ローター110馬力10A型を搭載してのデビューであった。

10A型REは翌1968年にマイナーチェンジを受けて出力は128馬力にアップし、ゼロヨン加速は15.8秒、最高速度は当初の185km/hから200km/hへと向上した。この改良型L10B型のスペックは全長4130ミリ、全幅1595ミリ、ホイールベース2350ミリ、車両重量960kg、燃料消費率13.5km/ℓ、変速機は前進5段／後退1段オールシンクロメッシュオーバードライブ付……であった。

普通、自動車雑誌の場合、新型車の試乗撮影のためにはメーカーの広報車両を拝借するのだが、これは編集部の誰かが広報まで行って借りてくるわけである。コスモスポーツのとき新米編集部員のわたしがとりにいくはめになった。わたしはお遣いの駄賃と勝手に解釈して途中上司に無断で神宮絵画館の駐車場に立ち寄り、コスモスポーツをエンジンルームからコクピット内、トランクなど隅から隅まで眺め回し調べあげた。世界唯一のRE搭載スポーツカーを誰よりも先に撫で回す快感は自動車雑誌編集者ならではの余禄であった。

ボディ寸法は現在のクルマと比べるとコンパクトカー並みで、ホイールベースは軽自動車並み、全高はダイハツの現行軽スポーツカー・コペン（1280ミリ）より低い1165ミリ、車両重量はマーチクラスといったところだ。最低地上高は125ミリで、ドアを開けて座席にすわり手をだらりと下に垂らすと指先が地面に触るほど低い。煙草の火も座ったままで地面にこすって消すことができる。それだけ着座位置と地上高が低かった。

RE特有の排気音はいささか耳障りではあったが、耳慣れない異音とスリムでペッタンコの姿態に思わず振り向く通行人は多く、運転者は大いに自己顕示欲を満たすことができた。なにしろ当時の価格は158万円（L10B型）、その頃最も高価なトヨタ2000GT（238万円）に次ぐ高嶺の花であった。

残念ながらこのコスモスポーツは1967年から72年まで1176台が生産されその姿を消してしまったが、その後のREの進化は目覚ましくファミリア、ルーチェ、カペラ、サバンナ、コスモAP……等に搭載されてREの高性能ぶりを発揮した。われわれの世代で忘れられない出来事はやはりモータースポーツ界での活躍であろう。とりわけ当時のレース界を牛耳っていた日産スカイラインGT−Rとの激しいバトルはすさまじかった。無敵GT−Rの50連勝を阻んだのもサバンナであった。

ロータリーパワーは1991（平成3）年6月のル・マン24時間レースで総合優勝（マツダ787B、周回数362／4923.2km）するという華々しい戦果でピークを迎え、その後も米国IMSAシリーズなどで大いに活躍したが、市販スポーツカーのほうは公害と燃費の問題で難しい曲面を迎え、3代目RX−7の生産はひとまず2002年8月をもって生産終了とした。

RE搭載のスポーツカーが復活したのは2003年4月である。観音開きの4ドア4人乗りのRX−8で、エンジンはレネシス（RENESIS）と称する新世代ロータリー13B−MSP型、最高出力は210馬力（最終型は235馬力）、新発売当時の10・15モード走行燃費は10.0km/ℓであった。

とにかくこれだけ自動車文明が発達しても、ロータリーエンジン（RE）を実用化しそのREを搭載したスポーツカーを市販していたメーカーは日本のマツダしか存在しないのだ。これはもはやわが国特有の文化として大切に育て上げないとバチが当たると思う。どうかマツダはREにさらなる改良熟成を施し将来の世の中においても十分通用する動力源として進化させてほしい、そう思うのだ。

しかし、残念なことに2012年の6月でロータリーエンジン搭載車が姿を消すことになった。コスモスポーツ発売以来40年以上販売してきたRE（ロータリーエンジン）搭載車の歴史に幕が下りたのだ。しかしREの研究開発は継続し、搭載車の再発売も検討しているとマツダでは言っているが、車種や時期はあくまでも未定だ。日本が誇る技術がここでひとつ消えていくことになるが、是非とも再びの登場を願わずにはいられない。聞くところによれば目下水素を燃料とする新REを開発中とか。期待したい。

■後世に残る永遠の美形、
トヨタとヤマハの共同開発車トヨタ2000GT

コスモスポーツと同時期に正式発売され衆目の注視を浴びた2座席スポーツカーが1967（昭和42）年5月に登場したトヨタ2000GTである。前年10月に、当時茨城県谷田部にあった日本自動車研究所のテストコースで高速耐久トライアルに挑戦し3つの世界記録を樹立、さらに13の国際記録を塗り替えるという快挙を成し遂げた。もちろん当時のFIA（国際自動車連盟）公認トラックによる正式記録だ。

さらにトヨタ2000GTは当時人気絶頂の映画007のボンドカーとしてスクリーンに登場するなど発売以前から何かと話題の多いクルマであった。もちろんわたしはこの映画を観たが、こうした派手な演出も実はその後に新発売される大衆車カローラのためのトヨタ車もしくはトヨタ社のイメージアップ作戦にほかならなかったと言われている。であれば、なかなか凝った演出で、いかにもトヨタらしい。

トヨタ2000GTの市販価格は238万円であった。前出のコスモスポーツが158万円、マニア垂涎のスカイラインGT-Rが150万円、フェアレディ2000が88万円、クラウンの高級グレード車が120万円前後であったことを考えれば、如何に高価であったかが分かる。

ボディはモノコックではなくX型バックボーンフレームに架装したもので、車両重量は1120kg、前後輪の懸架方式は高級スポーツカーの定番であるダブルウィッシュボーン式であった。エンジンは当時のクラウンの2000cc M型直列6気筒SOHCをベースにDOHC化した新開発の3M型で、ソレックス・キャブを3連装、最高出力は150馬力、最大トルクは18.0kgmを誇った。

変速機はオールシンクロ5段オーバートップ付、4輪サーボ付ディスクブレーキと、後輪デフにはスポーツカーに必須装備のLSDも組み込まれていた。ちなみに最高速度は220km/h、ゼロヨン加速は15.9秒と俊足だった。

車体寸法は全長4175ミリ、全幅1600ミリ、全高1160ミリ、ホイールベース2330ミリで、マツダのコスモスポーツよりわずかに長く幅広かったが、なんといっても3次曲面を駆使した流麗なスタイルは秀逸で、どの角度から眺めても美しかった。いや、いま見てもその美形には惚れ惚れする。

なぜ飛び抜けて高価であったかというと、他社のスポーツカーは必ず既存の量産車を部分的に共用したりもしくは改良したものを多く使用するが、トヨタ2000GTの場合はすべてが新開発でありかつ量産体制による作りではなかったからだ。共同開発したヤマハが1台1台丹念に作り上げたからである。

その流麗なスタイルは世界的に見ても20世紀最高の傑作車のひとつといっても過言ではない。生産累計台数は340台たらずであったが、トヨタ2000GTで蓄積されたDOHCエンジンの技術はその後、初代ソアラ以降のトヨタ市販車に脈々と受け継がれ今日に至っている。いまでは大衆車クラスか

国産車史の中で最も美しいボディを持つといわれるトヨタ2000GT。共同開発社ヤマハが1台1台丹念に造り上げた。したがって発売当時の価格はなんと238万円。同じ頃初代コスモスポーツが148万円、スカイラインGT-R 150万円、フェアレディ2000が86万円。いかに高嶺の花であったかが分かる。初代カローラが登場する直前の1966年10月、谷田部のテストコースで高速耐久トライアルに挑戦、3つの世界記録と13の国際記録を樹立(FIA公認の正式記録)した。エンジンはクラウンのM型をベースにDOHC化した新開発3M型。最高出力150馬力。発売は1967年5月。生産累計は340台たらずであった。

サニーセダンの登場が1966年、その2年後の1968年にダットサン・サニークーペKB10型がデビューした。直線的スタイルのセダンの面影そのままにファストバックのクーペにしたもので、スポーティ志向が高まってきた世相にマッチして人気を博した。エンジンはセダンと同じA10型988ccだが最高出力は60馬力に高められた。

カローラセダンをベースに全高を35ミリ低くしスポーティなファストバックスタイルを採用したスプリンターが1968年5月から発売された。ライバルのサニー・クーペを追撃するための新機種で、当初車名にはカローラを冠した。販売チャンネルはスプリンターのために新設されたトヨタオート店であった。

2ドアクーペボディにコスモスポーツで実績のある10A型ロータリーエンジンを搭載し、ファミリーカーとして十分な居住性を備えた5人乗り高性能ツーリングカーがファミリアロータリークーペだ。車両重量805kgに100馬力エンジンだから速かった。最高速度180km/h。発売当時の価格は70.0万円と廉価だった。

ら高級車までほぼ全てのエンジンはDOHCになってしまった。

わたしが自動車雑誌の編集者になった頃は、DOHCといえばスポーツカーに搭載されるホットなエンジンの代名詞であった。しかし、DOHCは弁機構としては極めてリーズナブルで燃焼効率を高めるためのいわば必須メカニズムであったから、なにもスポーツカーのみに独占させなくともいいわけで、コストの面で採算が合えば量販車にも採用すれば結構なことだ。そのレールを敷いてきた意味でトヨタは大いなる功績があったと思っている。

幸いにもこの高貴でかつ高価なGTを思う存分乗り回すことができたが、その低いドライビングポジションと力強い走りに圧倒されながら、周囲から容赦なく注がれる熱い視線には多少の照れ臭さを感じたものだ。

その日は目黒通りがやけに渋滞していたが、こういうときのノロノロ運転では超ロングノーズのボディはいささか運転しにくい。あまり前車に近付きすぎてちょこんとぶつけてしまった。前車のドライバーはドアを開け降りてきたが、自車の後部に異変が認められないうえ、われわれのトヨタ2000GTの勇姿に意表を衝かれたのか何も言わずに戻っていった。当方もバンパーにかすかなかすりキズを認めたものの撮影に支障をきたすことはなかった。広報担当者に車両を返却するとき正直に説明したところ「問題ありません。気にしないでください」と逆に慰められた。なんと大らかで気が大きいのだろう、内心不安だったわたしはホッと胸をなでおろしたものだ。

帰社後、編集部の先輩たちからは「気をつけろよ！」と睨まれたが、なになにこれで萎縮していたら自動車雑誌編集マンなどつとまらない。大いに反省はしたものの取材へのモチベーションは失わなかった。しかし、以来高価なクルマを運転するときは前車との車間距離をウンと空けるように心掛けている。

■ベレットGTエンジンをツインカム化し、いすゞ117クーペに搭載

1968（昭和43）年はスポーティなクーペボディの当たり年であった。日産からはファストバックのサニー2ドアクーペ（3月）が、トヨタからはカローラスプリンター（4月）が、マツダからはファミリアロータリークーペ（7月）が、いすゞからは117クーペ（12月）が登場した。サニークーペ（KB10型）はどちらかといえば直線的で端正なボディをもち、カローラスプリンターは曲線的でなだらかな面を持つクーペだが、いずれも美しい典型的なクーペスタイルで、当時のスポーティファンの人気を二分していた。

ファミリアロータリークーペはマツダ・ロータリーエンジン搭載車シリーズ第2弾で、レシプロエンジン車ファミリア1200のボディをベースにクーペスタイルにし、エンジンルームにはコスモスポーツの10A型をディチューンした100馬力REを搭載したものだ。身が軽いうえにパワフルなREを搭載したのでゼロヨン加速は16.4秒、最高速度は180km/hというスポーツカー並みの性能であった。

このクルマの狙いはREの普及にあった。コスモスポーツは高価で大衆的ではない、本格的に大衆に受け入れられるにはやはり廉価な車種がないと……というわけで設定されたクルマだ。コスモスポーツの158万円（当時）に対してファミリアロータリークーペは70万円ジャストと買得感が高かった。

いすゞはいまでこそバス／トラックをメインとする商用車メーカーだが、わたしがクルマに興味を持

初代ベレット1500は1963年11月の登場。水冷直列4気筒OHV 68馬力エンジン搭載のFR車で、オーバルライン（楕円形）を基調としたスポーティなボディと全輪独立懸架に代表される個性的な内容で多くのファンを得ていた。このエンジンの排気量を1600ccに拡大、90馬力にしたのがベレット1600GTだ。通称ベレGで親しまれた。

フローリアンと共通のシャシーにジウジアーロの設計になる美しいボディを被せ格調溢れるクーペに仕上げたのがいすゞ117クーペだ。ベレット1600GTのエンジンをベースにDOHC化し最高出力を120馬力に高めたG161W型を搭載、200km/hの最高速を実現した高性能車だ。発売は1968年12月。国産車史の中でも5本の指に数えられる名車だ。

ち始めた頃はれっきとした乗用車メーカーで、自動車雑誌には常に話題を提供していたものだ。1961年に乗用車ベレル（ディーゼル乗用車も同時に発表）を発売し、1963年11月にはベレット1500を、1967年にはフローリアン1600を発表発売している。フローリアンは当時のトヨタ・コロナマークⅡや日産ローレルと競合するセダンであったが、全高をやや高めに設定した室内は乗車定員6名を可能とし広くて明るいキャビンをセールスポイントとしていた。

1964年、いすゞはベレット・シリーズに「GT」を加えスポーツモデルの先陣を切っている。他社に先駆けわが国で最初に車名にGTを冠し、スポーツモデルの流行を創ったメーカーはいすゞなのである。「GT」といえばプリンス自動車（当時）のスカイラインが草分けのように思われがちだが、「スカG」の正式発売は1965年2月であった。当初のベレG（マニアはこう呼んでいた）は1.6リッターOHVのG160型ツインキャブ90馬力エンジンを搭載したものであったが、後にOHC化し103馬力に向上、最高速度は10km/hアップの170km/hになった。

このベレGエンジンをベースにダブルオーバーヘッドカムシャフト（DOHC）化を図りソレックス・キャブを2連装したG161W型を117クーペに搭載し1968年12月に発売している。イタリアの工業デザイナーでイタルデザインの創設者ジョルジェット・ジウジアーロ（1938年生まれ）の手になる美しいデザインは日本車離れしたもので、その格調高い姿態に魅せられたエンスージアストはいまでも大勢いるという。4人乗り2ドアクーペ（FR）の最高傑作車の1台といっていいだろう。

ちなみにジウジアーロはアルファロメオ、マセラティ、フィアットなど多くの欧州車のデザインを手懸けているが、日本車では117クーペのほかにマツダ・ルーチェ（1966年発売）もデザインしており、1960年代から70年代にわたり一斉を風靡したカーデザインの巨匠である。

117クーペはセミモノコックボディで車体寸法は全長4280ミリ、全幅1600ミリ、ホイールベース2500ミリであったが、その車両重量は1050kgと比較的軽かったから最高出力120馬力のパワーは余裕を持って最高速度200km/hをマークした。発売当時の価格は172万円と決して安くはなかったが、世界的デザイナーによる美しいボディをこの程度（?）でゲットできるのであればリーズナブルだったかもしれない。

いすゞは翌年（1969年）の秋に同じG161W型120馬力エンジンをベレットに搭載し「GT−R」の呼称で市販を開始した。この呼び名は日産が1969年2月発売のスカイライン2000GT−R（PGC10型）で先鞭をつけたので、いすゞが一番乗りというわけにはいかなかったが、ベレットの場合は正式には「GTタイプR」（GTtypeR）といった。ベレットGT−Rは117クーペと同じエンジンを搭載しながら価格は116万円と廉価で、最高速度は190 km/hをマークしたから、走り屋にとってはこちらのほうに魅力があった。

■いすゞ117クーペで新しい試乗記スタイルを確立する

ところで117クーペが登場した頃わたしは編集部員として2年目を迎える時期で、編集部では台割作成や入稿の進捗状況も管理するキャップを任されていた。編集長の補佐役みたいなものである。加えて取材、撮影、記事原稿、割付け作業など全ての編集実務もやらなければならないから結構忙しかった。

新型車の試乗担当になった場合は広報車両を受け取りに行き、取材が終われば満タン給油を済ませてからまた返却に行かねばならなかった。この頃主な自動車専門誌の種類はまだ両手にも及ばない数であったから広報車両もすぐ調達できたが、昨今はどうであろう、あまたのメディアで容易には借りられなくなったと聞く。

最近（といっても大分以前からだが）の新車試乗記はほとんどの場合いわゆる自動車評論家が書いている。同じ評論家でも自動車ジャーナリスト、モータージャーナリスト、フリーランサー、フリーエディター、フリーライター……など肩書きは千差万別だが、いずれにしろ彼らは特定の出版社の社員もしくは編集部員ではなく自由な一匹狼である。出版社の編集部員は多くの評論家のなかから適切な人を選んで試乗記や解説記事（原稿）を書いてもらう。なかには現役あるいはかつて活躍したレーシングドライバーに原稿を依頼する出版社も結構ある。

わたしがキャップをしていた頃は、試乗記事はほとんどの場合部員自らがこなしていた。車両の調達から始まって試乗コース等の設定、撮影の準備、撮影場所、資料収集そして原稿作成と忙しかったが、外部の人に気を使わないぶん気楽さはあった。

ある日117クーペの試乗紹介記事をどのように料理しようかと考えていたとき、社長がわたしの席までわざわざ来てこう言ったのだ。「試乗記をレーシングドライバーに書いてもらうという手もあるぞ。キミがそのクルマに同乗して印象を聞き、それを書き起こしてもいい。どうかね、ぼくが懇意にしているドライバーを紹介してもいいんだが……」。なるほどこれは名案であった。しかも有名なドライバーであった。かつてワークスライダーとして2輪の世界GPに出場したこともあり、その後4輪に転向し日本GPのクラス優勝までしているレース界の重鎮だ。歯に衣着せぬ辛口でも有名であった。

117クーペの試乗コースは東京〜箱根間の往復で箱根ターンパイクをメイン舞台とするものであった。ターンパイクのゲートをくぐると彼のドライビングはなるほど並みの人間ではないことがすぐに分かった。前進4段の変速機を勾配とコーナーに合わせて適切にシフトアップ・ダウンしながら高速で駆け抜けていくその手さばき足さばきは見事であった。回転計と速度計、フロアシフトレバーと3つのペダル……わたしは左右に激しく揺れ動く横Gに耐えながら彼の運転ぶりをつぶさに見ることができた。

帰路、休憩を兼ねファミリーレストランに寄ってコーヒーを飲みながら早速の試乗印象を聞きノートにしたためた。彼の細部にわたる様々な指摘は的を射ており、わたしは感心することしきりであった。そしてめでたく彼の署名入り試乗レポートが誌面を飾り雑誌が発売された。それから間もなく、いすゞの広報から反応があった。内装・外装の批評から始まって走行性、操縦性、動力性能と多岐に渡る的確な指摘と試乗印象は大いに参考になった……というものであった。さらに当の本人からは「いすゞの旧知の技術屋さんから電話がきたよ、117クーペをよく見ているねえってさ」と嬉しそうな報せがあった。雑誌の反響はたいしたものである。

あれからざっと40年近く経った2007(平成19)年12月、悲しい報せがわたしのところへ届いた。あの彼が亡くなったというのだ。73歳の人生であったが、まだまだやりたいことがたくさんあったと思う。彼はモータースポーツ界の風雲児であり、彼の多くの弟子たちはいまもモータースポーツ界さらにはモータージャーナリズム界の大御所として活躍している。彼の残した業績はきわめて大きい。改めて田中健二郎氏のご冥福を祈りたい。

■異色のホンダ77/99シリーズ、フェアレディに「Z」名が付いた

レーシングドライバーが市販の新型車に試乗しその印象をレポートするというスタイルは、自慢ではないがわたしが担当した117クーペの記事が業界初であった。当時の自動車雑誌としては画期的な企画であった。さすが社長のアドバイス……と素直に感心したものだ。以後、他のクルマ雑誌も盛んにこのスタイルを踏襲する場面が多くなった。われわれもこれをステップにドライバーの開拓に腐心し、試乗車にふさわしい人物をその都度物色した。おかげでわたしは多くのレーシングドライバーあるいはラリードライバーと共にクルマを運転する機会に恵まれ、それがドライビングテクニック向上の糧にもなった。

運転の奥義を究めるのは難しいものだが、少なくとも一般の人より比較的短い時間でかなりのレベルに達することができた(自分でそう思っている)のは彼らのお陰であり、自動車雑誌編集者のアドバンテージを有効に利用したわたし自身のズルさによるものだ。彼らに同乗しての試乗は、いってみればレーシングスクールの個人授業みたいなもので、教科書では学べない裏技もずいぶんと教えてもらった。危険回避のテクニックなども、そのコツを会得することができた。いずれにしても懐かしき昭和40年代ではある。

日産がスカイライン4ドアセダンのGT-Rを市場に投入したのは117クーペ登場の3ヵ月後1969年2月だが、この年はかなりユニークな新型車がデビューしている。たとえば5月に発売されたホンダ1300セダンなどは自動車雑誌の誌面を飾るには格好の題材になった。当時の常識を超えた点が多かったからだ。ホンダが本格的な乗用車メーカーを目指す初の1300シリーズでボディはオーソドックスな3ボックスセダン、エンジンは2タイプあって100馬力搭載車を「77」シリーズ、115馬力搭載車を「99」シリーズと称した。

このエンジンは当時のわれわれの想定外のものでホンダ独自の方式の強制空冷(DDAC＝一体式二重空冷)を採用した4サイクル4並列シリンダーであ

る。これをボンネットのなかに横置きに押し込み前輪駆動方式を採用していた。エンジンはOHC動弁機構をもつが、当時のわれわれを驚かせたのは最高出力を発生する回転数で、77シリーズの場合は7200回転時、99シリーズは7500回転時であった。もっともホンダはN360やS800などのエンジンで8000回転以上の領域を常用していたくらいだから驚くに値しないだろうが、当時の小型乗用車のレシプロエンジンの場合は概ね5000〜6000回転時に最高出力を出すのが常識だったから、まずこの高回転に驚かされた。

また乗用車のエンジンは水冷式と決め付けていたくらいだから強制空冷式というシステムにも驚いた。これらはいかにも2輪メーカーホンダらしい新機構で専門誌はこぞってこの新機構新システムを詳報したものだ。1300シリーズのスポーティモデル99Sは回転計も備える充実装備の機種で車両重量は895kg、4段フロアシフトによる最高速度は185km/h、発売当時の価格は68.8万円であった。

1969年10月になるとフェアレディがフルモデルチェンジして「Z」という名前が付けられた。それまでのSR311型（フェアレディ2000）は幌タイプ（オープンカー）であったがZシリーズからは長距離クルージングに適した屋根付きボディ（クローズドボディ）へと変身、ロングノーズ／ファストバックの典型的スポーツカースタイルとなった。

主力モデルのS30型にはこの時から2リッターL20型SOHCエンジンが搭載されたが、最強モデルのZ432（PS30型）にはスカイラインGT−Rと同じS20型DOHCエンジンが搭載された。主力モデルには日産の生えぬきエンジンを、最強モデルにはプリンス自工の血筋を持ったエンジンを搭載したことになる。ちなみに「432」というのは4バルブ／3連ソレックス・キャブ／2カムシャフトを意味するネーミングだ。最高出力はL20型が130馬力、S20型は160馬力であった。ちなみにZ432のゼロヨン加速は15.8秒、最高速度は210km/hであった。

Zは日本国内よりむしろ米国が主要市場で大変な人気車種であった。「Z−Car」（ズィーカー）と愛称され愛好家クラブまで結成されていたほどだ。アメリカ向けには同じL型直列6気筒でも当初は排気量を2.4リッターに拡大したエンジンを搭載していた。

■貴重な試乗体験！　REの前輪駆動車 マツダ・ルーチェロータリークーペ

1969（昭和44）年10月にはもう1台極めて異色の高級車が登場した。東洋工業（現マツダ）がロータリーエンジン搭載車の第4弾として発売に踏み切ったルーチェロータリークーペである。1968年の第15回東京モーターショーで披露したプロトタイプカーRX87を市販化したもので、ボディは基本的にレシプロのルーチェ1500をベースに外観寸法やホイールベースをひとまわり大きくしたものだが、当時としては目を見張る新鮮で精悍なエクステリアをもっていた。

車体寸法は全長4585ミリ、全幅1635ミリ、ホイールベース2580ミリ、車両重量1185kgで、デザインはイタリアのカロッツェリアであるベルトーネの息がかかっていた。ハードトップタイプで、空気力学を徹底的に追求したというスタイルはさすがに美しかった。これは現在でも十分通用する類い稀なる美形といっていい。

ルーチェロータリークーペはこのクラスとしてはわが国初のフロントエンジン・フロントドライブ（FF）機構を採用している点が珍しかった。マツダのRE（ロータリーエンジン）搭載車シリーズの最高

ホンダ1300セダン・シリーズのデビューは当時のモータージャーナリズムを驚かせた。無駄のない3ボックスボディだが、このボンネットの中には新機構のエンジンが納まっていたからだ。当初77シリーズには100馬力を、99シリーズには115馬力を搭載し、最もスポーティな99Sは4段フロア変速機によって最高速度は185km/hをマークした。1969年5月発売。価格は68.8万円だった。

ホンダ1300セダンが当時の自動車業界を驚かせたのは搭載されているエンジンにあった。なんと4サイクル4並列シリンダーの強制空冷式だったからだ。この一体式二重空冷(DDAC)と呼ばれる新機構は、簡単にいえば二重構造の通風方式で、強制空冷によってエンジンオイルとエンジン全体を冷却するというシステム。これをボンネットの中に横置きに押し込み、前輪駆動方式を採用していた。加えて最高出力の発生回転数が77および99共に7200〜7500という高回転だった。異色ずくめのメカはいかにも2輪メーカーホンダらしく、その技術を遺憾なく発揮していた。

最初「フェアレディ」名で国内向けに発売されたのは1962年10月、1500cc80馬力搭載のSP310だった。その後SR311型フェアレディ2000を経て、「Z」名が冠せられたのは1969年10月、フェアレディZ(S30型)シリーズのデビューである。SR型までは幌タイプのオープンカーだったが、Zからはクーペタイプのクローズドボディに変身、本格的グランツーリスモになった。エンジンは2000cc L20型SOHCで、当初は130馬力であった。

たぐい稀なる美しいボディと新機構満載の豪華装備車といったところか、1969年10月に登場したルーチェロータリークーペを見たときは正直驚いた。マツダはこういうクルマも造れるのかと。初めてFF機構とロータリーエンジンを組合せた異色の名車だ。デザインはイタリアのベルトーネ、と聞けばその美しさにも納得だ。エンジンは13A型で126馬力。1972年まで生産されたが販売台数は合計1000台にも満たなかった。

峰に位置する高級ハードトップクーペに当時としては未だそれほど実績のないFF機構を大胆にも採用したことは、われわれモータージャーナリズムにおいて大変な話題となった。

三角窓のないフルオープン感覚の快適な室内は、FF方式による平らな床面などによってさらに余裕のある広さを生み出し、現在の上級車にも引けを取らないほどのフル装備で全体の雰囲気は高級感に満ちていた。

REはこのクルマのために新開発されたもので2ローターの13A型と称するものだ。総排気量は655cc×2、最高出力は126馬力、4段変速機による最高速度は190km/h、ゼロヨン加速は16.9秒と駿足であった。この俊足を支える足回りはフロントがダブルウィッシュボーン式独立懸架、リアはセミトレーリング式コイルバネを採用した4輪独立懸架であった。タイヤには当時まだそれほど普及していなかったラジアルタイヤを標準装備していたのは注目されるが、そのサイズは165HR15というもので、今日からみれば極めて貧弱なものであった。

当時の東京店頭渡し価格175万円（スーパーデラックスM13P）はもちろん高級車の領域であり、試乗するにも多少の緊張感が走ったものだ。これで東京〜箱根間を往復ドライブしたが、その試乗印象は正直いってかなりFFのクセが強く、操舵感はけっして好感が持てるものではなかった。最小回転半径はカタログでは5.3メートルとなっていたが、実際にはそれ以上に感じるもので、小回り性は極めて悪かった。しかし動力性能はさすがにRE、低速域でも粘りがあり扱いやすいうえに高速域のフィーリングは文句のないものであった。トルクが太くパワフルで、電気モーターのごとく振動が少なく、直進安定性に優れたクルマであった。

とにかくREのFF車はあとにも先にもこのクルマだけであったから、いま思うと極めて貴重な体験をさせてもらったことになる。FR全盛時代の高級FF車、しかもREのFFという珍しいクルマの試乗体験であった。それにしても、なぜマツダはREのFF車を諦めたのか、もったいない。コンパクトなエンジンだからFFには向いていると思うのだが、残念だ。

■中島飛行機と〝荻窪つながり〟の奇縁

マイカー元年の1966（昭和41）年は本格的大衆車の登場もさることながら自動車業界にとっても大きな出来事があった。その8月に日産自動車とプリンス自動車工業とが合併したのである。当時、日産といえばセドリックやブルーバードに代表されるトップメーカーであり、プリンス自工はグロリアとスカイラインに代表される人気メーカーで、いずれも技術を売り物にするメーカーであった。

合併した理由は「日本の自動車産業の国際競争力を強化するとともに企業の飛躍的発展を図るため」であったが、要は資本自由化に備えての自動車業界としての対応であった。これをきっかけとして業界再編成の気運は高まり、1966年10月にはトヨタ自動車工業（当時）と日野自動車工業（当時）が業務提携を結ぶことに合意し、つづいて翌1967年11月にはトヨタ自工とダイハツ工業が提携を行なっている。

ところでプリンス自工の前身が、高性能エンジン「誉」（ほまれ）等で有名な航空機総合メーカー「中島飛行機」と、戦闘機「隼」（はやぶさ）のボディを製作していた「立川飛行機」であることはよく知られている。中島飛行機は終戦後社名を「富士産業」と改め、さらに「富士精密工業」（1950年7月）へと変わった。立川飛行機は戦後電気自動車の開発に取り組み社名も「たま電気自動車」を経て「たま自動車」（1951年11月）となり、さらに1952年11月には生産車「プリンス」との一致を図って「プリンス自動車工業」と改称した。

この、たま自動車の「プリンス」（1952年2月発売）に搭載されていたエンジンが富士精密工業製の1.5リッター45馬力の高性能ガソリンエンジンであった。1954年4月、両社が合併するのは当然の成り行きであったかもしれない。

富士精密工業とプリンス自動車工業の両社は合併し「富士精密工業」の社名のもとに自動車メーカーとしての体制を整えたが、1961年2月に再び社名を「プリンス自動車工業」と改称している。その間、1957年4月には日本の代表的な名車と謳われている初代スカイラインを発表、さらに59年にはグロリアを発売している。いずれもそのスタイルは当時最も幅を利かせていた米国車にも似たもので、国産車のなかでは格段にスマートで垢抜けしていてお洒落であった。

富士精密工業はかつての中島飛行機東京製作所（荻窪）の跡地に構えていたが、実はわたしの義父は戦時中その中島飛行機の荻窪工場に補機工場長として勤務していたのだ。中島の工場を目指して飛来する米国の爆撃機B29の爆弾で散々な目にあったのだが命だけは助かった。わたしはそのとき工場とそれほど遠くはない荻窪の自宅の防空壕で恐怖の時間を過ごしていたが、ときどき工場を逸れた爆弾が住宅地に落下炸裂し防空壕の土の壁がざらざらと崩れたときは思わず防空頭巾を両手で覆い目をつぶったものだ。まだ小学校に入る前であった。

ちなみに、米軍は日本の軍需工場に対してはその破壊のために爆弾を投下し、市街地など無差別爆撃のときには焼夷弾を投下していた。紙と木でできている日本の家屋には焼夷弾による火災で十分だと判断していたのだ。わが家は中島の近くだったので爆弾の恐怖にさらされたわけである。

ときどき鳴り響く警戒警報を無視して晴れ渡った上空を見上げていると、白く輝いた小さなB29が大編隊で飛来してくるのを目撃することができた。高度は1万メートル前後か、いわゆる成層圏だ。迎え撃つ日本の高射砲の弾が届かず虚しく空中で炸裂するのを見た。また、日本の迎撃戦闘機がB29に接近し銃撃を交える光と音も知見したが、当時の日本の戦闘機の実用上昇限度はB29の巡航高度にも届かないお粗末なものだったから、ほとんどふらふらの状態で戦っていたという。戦果を期待するほうが無理であった。後からわたしの兄がそう教えてくれた。

また、B29がばらまくビラが青空を背景にきらきらと輝きながら落下してくる様を美しいと思った。P51ムスタングの機銃掃射で危うく命を落としそうになったこともある。まだ小学校にも上がっていない男の子の脳裏に深く刻まれた恐怖の映像はいまもって新鮮に蘇える。まるで全ては悪夢のようであり映画のワンシーンのような体験であった。

それから四半世紀を経たある日、ふとした縁で出会ったのが現在の妻だが、その父親があの中島飛行機の荻窪工場に戦時中勤務していたとは〝荻窪つながり〟の奇縁であった。後年、義父は当時の回顧録を是非本にしたいというので、わたしは編集上の手助けをし、出版社のご厚意もあって無事に単行本として出版することができた。題して「中島飛行機物語」（光人社）である。1996年4月の発行だが、比較的好調な売れ行きで重版もかなった。さらに2000年6月には文庫本にもなり、義父は大変に満足していた。われわれはこれで親孝行ができたと妻と共に喜んだものだ。

■レース用に急ごしらえしたスカイラインが名車2000GTに

1957（昭和32）年に登場した初代スカイライン（ALSID−1型）は航空機技術者が英知を集めて開発した乗用車ともいえる。2灯式のヘッドランプと横格子のフロントグリルは隙のない端正な意匠であり、リアフェンダー先端には航空機を連想させるテールフィンが尖んがっていた。エンジンはG1型といって排気量は1484cc、直列4気筒OHVで最高出力は60馬力であったが、1960年2月にマイナーチェンジを受け70馬力に向上した。このとき4灯式のヘッドランプが採用され、雰囲気はほとんどアメ車的で、より高級感がでた。

親友のひとりがこの4灯式に乗ってわたしのうちへ遊びに来たことがある。まだ学生の身分でなぜこんな高級車にと思ったが、何のことはない人様の借り物で、見せびらかしに来たのだ。彼はヴァイオリンと登山が趣味の好青年で、大学卒業後はタイヤメーカーへ就職しクルマを足元から支える仕事に没頭したが、働きすぎがたたって50代の若さで他界した。無念である。

2代目スカイライン1500（S50型）の登場は1963年9月であった。多くの新機構を結集させると同時に維持費のかからないメンテナンスフリーのシステムをわが国で初めて実現させている。「エンジン封印とシャシー3万キロの無給油」だが、これはできるだけユーザーに手間や負担をかけまいとする世界初の試みであった。

また当時の乗用車の前席はベンチシート全盛であったがS50型はバケット型のセパレートシートを採用し、計器盤には無反射式を採用するなど随所に先進的であった。ボディは当時として初のモノコック構造を採用し、これによって車両重量は960kg前後の範囲で収まり、初代より350kgほど軽く仕上がった。カタログによると最高速度は140km/h、新発売当時の価格は68.4万円であった。

同年5月、わが国初の国際級レーシングコース鈴鹿サーキットで第1回日本グランプリが開催された。モータースポーツ元年である。レース内容は外国から招いたマシンやドライバーによる国際スポーツカーの祭典といった様相であったが、開催2日間で20数万人の大観衆を呑み込むとは誰も予想はしなかった。その熱気は国産自動車メーカーに多大な影響を与え、異常なほどの競争心をあおる結果となった。「よし！　今度の第2回日本GPには全面的なワークス体制で……」と各社が動きだしたのは当然である。プリンス自工もその例外ではなかった。

GP必勝の信念のもとに急遽編み出されたアイデアが、S50型スカイライン1500（G1型4気筒エンジン搭載）のボディにグロリアの直列6気筒SOHCエンジン（G7型）を押し込むというものであった。2リッター6気筒エンジンを収めるためボンネットの長さは200ミリも延長され、これにともないホイールベースも200ミリ長くなったので、極めてロングノーズの伸びやかなスタイルとなった。勝つために造られたいわば〝特別仕様車〟（S54A−1型）であった。

そしてこのレース仕様車2000GTは見事第2回日本GPで総合2位の好成績を勝ち取ることができたのである。1965年2月に発売されたスカイラインGT−B（S54B−2型）はこの時のレース経験を活かして正式に市販車として売り出されたものだ。当初のスペックは全長4255ミリ、全幅1495ミリ、ホイールベース2590ミリ、車両重量1070kg、乗車定員5

1957年４月に登場した初代スカイラインはアメリカンスタイルを巧みに取り入れた４ドア６人乗りセダンで、丸型２灯式ヘッドランプと横格子のフロントグリルさらにはリアフェンダーの尖ったテールフィンが特徴の洒落たデザインだった。エンジンはG1型1500cc OHV 60馬力だったが、翌年の改良型で70馬力にパワーアップされた。

２代目スカイライン1500のデビューは1963年９月である。多くの新機構を結集すると同時に手間と維持費のかからないメンテナンスフリーをわが国で初めて実現させたのが特徴だ。エンジンは初代のG1型を改良継承したものだが、67年８月登場の２代目最終型S57型では新開発のG15型SOHC 88馬力エンジンが搭載された。

1963年６月発売のプリンス・グロリアスーパー６に、プリンス自動車初の６気筒エンジンG7型1988cc OHC 105馬力が搭載された。このエンジンをS50型スカイライン1500（４気筒）のボディに押し込み第２回日本GPに出場しようという計画が持ち上がった。ホイールベースを200ミリ延長しロングノーズ化して急遽造られたこのレース専用車を1964年５月の日本GPに出場させ、優勝はポルシェカレラGTS904にさらわれたが見事総合２位の好成績を収めた。翌65年２月、この特別仕様車はスカイライン2000GTの車名で正式に市販された。S54B−2型のスカイラインGT−Bだ。また同年９月には一般向けのマイルドなGT−A（S54A−2型）も発売された。

1966年8月に日産とプリンス自動車が合併してから、車名の「プリンス」名が消え、1968年7月にフルモデルチェンジされて3代目となったC10型は「ニッサン・スカイライン」となった。しかし3代目の1500ccエンジンは先代S57型のG15型88馬力が搭載されプリンスの血統は継承された。

L20型エンジンは日産が生んだ名機といってよい。初めは1965年にセドリック130型に搭載され、その後1968年9月発売のスカイライン2000GT（GC10型）に、以後ブルーバード、ローレル、フェアレディZなどの主力エンジンとして長い間活躍した。

後輪フェンダーに「サーフィンライン」と称する個性的デザインをあしらって登場した3代目スカイラインは、当初は1500ccモデル（C10型）のみであったが、発売2ヵ月後の1968年9月にGC10型2000GTを追加設定しハコスカの人気をいっきに高めた。エンジンは純日産系のL20型OHC 6気筒2000cc 105馬力で、C10型よりフロント部分が195ミリも長いボディになった。このエンジンは1年後の改良で120馬力に向上した。

「愛のスカイライン」…この名キャッチコピーで始まった3代目通称ハコスカの宣伝広告はハート・マークと共にモデルに起用された蟇目良（ひきめ・りょう）をも有名にした。続いて4代目は「ケンとメリーのスカイライン」…二人の男女を起用して相合傘とロケ地北海道は美瑛町の樹木をも有名にした。当時のプリンス自販の秀逸な企画と数々の名キャッチコピーは一種の社会現象にもなったほどだ。

3代目スカイラインはC10型1500のデビューから始まった。1969年8月には早くも1800シリーズが登場した。PC10型と称する車種で、当時のローレルで定評のあったプリンス系G18型OHC100馬力エンジンをC10型ボディに載せたものだ。そして翌70年10月にはスタイリッシュなハードトップモデルKPC10型が追加され車種系列が充実した。

名、エンジンは直列6気筒SOHC1988cc、最高出力125馬力、最高速度180km/h、発売当時の価格は89.5万円であった。エンジンは6万kmの無給油を実現していた。

プリンス・ファンにとっては残念なことであったが、1966年8月に日産とプリンス自工が合併してからは「プリンス」の文字が車名から消えることになった。したがってプリンス純正のスカイラインは2代目をもって終焉を迎え、合併2年後の68年7月に登場した3代目スカイラインは「ニッサン・スカイライン」(C10型)と命名された。しかし、2代目スカイラインの最終版S57型に搭載されていたG15型エンジンはC10型にもしっかりと受け継がれボンネットのなかに収まっていたのだ。

■3代目ハコスカのベスト車はハードトップ1800

3ボックスの典型的なセダンスタイルで登場したC10型の外観上の特徴は、ボディサイドの下方に付けられた2本のストリーク(すじ模様)で、とりわけリアフェンダーのホイールアーチ上のラインは「サーフィンライン」と呼ばれ、スカイラインの代名詞にもなった。ちなみにこのサーフィンラインは以後5代目スカイラインまで延々と継承されるのである。

通称「ハコスカ」で親しまれた3代目は宣伝広告の展開も巧みであった。日本で初めての広告制作専門会社として1951(昭和26)年に創立したライトパブリシティが「愛のスカイライン」という名キャッチコピーを創りあげ「遠いはるかな車の旅に。」「ケンとメリーのスカイライン。登場」(4代目)とヒットコピーを次々に展開していった。

なるほどこれが宣伝広告というものなんだ……と当時のわたしには大変刺激的な出来事であった。わたしはスカイラインの特集を組んだとき、是非ともこの画期的な宣伝広告の世界も柱のひとつに加えるべきだと主張し、自ら担当を申し出てライトパブリシティへ取材に行ったことがある。クリエイティブな世界の話は極めて難解であったがなんとか記事にまとめたことを覚えている。

スカイラインの場合はその魅力もさることながらこの一連の宣伝広告がさらなる人気を煽ったことは間違いない。販売促進にこれほど効果的な広告展開はなかった。伝説的なハードとソフトの巧みなコラボレーションであった。

3代目は当初1500(C10型)のみであったが、その後1968年9月に2000GT(GC10型)がシリーズに加わった。当時ニッサンセドリックで既に実績のあるL20型直列6気筒SOHC1998cc 105馬力エンジンを載せたモデルだ。4気筒のC10型ボディに6気筒を載せるためフロント部分が195ミリも延長され、スタイリングはかえってスマートになった。最高速度170km/h、発売当初の価格は86万円であった。「スカG」の呼称はこのGC10型から新たなスタートが始まったといっていい。

その後1969年8月には当時のローレルに搭載されて定評のあったG18型直列4気筒OHC1815cc 100馬力エンジンをC10型ボディに載せたスカイライン1800(PC10型)が登場した。このハードトップ(KPC10型)はデザインも垢抜けしていて、操縦性も動力性能もスカイラインのなかでは一番バランスに優れ、走りやすいクルマであった。3代目のなかでベストな車種はどれかと問われれば、わたしは躊躇なくこの1800シリーズを挙げたい。

■そのままでもレース参戦OKの市販車
2000GT-R

さて1800シリーズが登場する前にもうひとつのビッグニュースがあった。1969(昭和44)年2月にあのGT-Bの生まれ代わりともいえるPGC10型が鮮烈にデビューしたのだ。4ドアセダンの初代「2000GT-R」である。GT-Rに搭載されたS20型はプリンスのプロトタイプR380のエンジンをベースに量産化のための改造を施し実用走行向きにディチューンしたもので、1気筒当たり4バルブの弁機構(DOHC)を採用、三国工業製ソレックスタイプ・キャブレターを3連装し最高出力160馬力を出していた。

サーフィンラインを断ち切った後輪のオーバーフェンダーとリアに付けられたGT-Rのエンブレムが凄味をきかせ、ひとめでGT-Rであることが分かるエクステリアであった。この初代のGT-Rのリアランプは横長の角型であったが、4代目からは丸型に変更され、以後代々GT-Rのリアランプには丸型が継承されることになる。

ところでR380は世界スピード記録樹立(1965年10月)や日本グランプリレース(1966年5月、第3回日本GPで優勝)で活躍した国際水準のマシンで、いわばプリンス技術の粋を結集したものだ。そのエンジンをベースに新開発されたのがS20型で、これを搭載したGT-Rはプリンス・ファンを狂喜させたものだ。口の悪い連中の間では日産に吸収された旧プリンスの技術者が意地で作り上げたのではないかと囁かれていた。

初代GT-R(4ドアセダン)の計器盤には回転計と速度計の間に油圧計と水温計が縦に並び、センターコンソールには電流計と燃料計がセットされていた。本格的バケットシートに身を沈め前進5段フルシンクロ変速機のシフトノブに左手を置き木製のステアリングホイールを右手で握ると心は既にサーキット……そんな気にさせるスポーティなコクピットであった。

このGT-Rに編集部員が4人乗って都心を抜け山中湖畔を走って篭坂峠を越え御殿場へ向かった。試乗紹介記事のためのテスト走行であった。交代で運転したがおしなべての印象をまとめると、「ギア比を小さくして応答性を良くしたステアリングは操舵力がやや重く一般向きではなかった。ブレーキは結構踏力が必要だった。足回りは極めて堅いので乗り心地が悪く、日常の使い方や長距離ドライブではいささか疲れやすかった。5人乗りの室内空間としてはまずまずの出来だが、普段マイカーとして使用するにはやはり不向きである」という当然の結論に達した。つまり逆にいえばレースに参加したい向きにはいつでも即応できるクルマに仕上がっていたのだ。あくまでもモータースポーツでの使用を視野に入れた作り方に徹していたといえる。

当時のツーリングカーレースはトヨタ1600GTと日産のGT-Rの激戦がファンを熱狂させていたが、1969年5月のJAFグランプリではデビューしたばかりの4ドアセダンGT-Rが優勝し、以後はGT-Rの連戦連勝、さらにGT-Rのハードトップモデル(KPGC10型、1970年10月発売)が追加設定され、これがセダンに替わってモータースポーツで大活躍をしたのだ。その頂点が1972年3月の富士GC(グランチャンピオン)第1戦で、強風と大雨にたたられたなかを高橋国光選手が通算50勝という快挙を成し遂げたのだ。まさに当時のGT-Rは無敵の王者であった。

しかし、必ず手強いライバルが出現し王座を奪われるというのはスポーツ界の常である。GT-Rもそ

第2回日本GPで苦杯をなめたプリンスが打倒ポルシェに燃えて開発したのがこのプリンスR380である。1966年5月富士スピードウェイで開催された第3回日本GPで念願の優勝を果たし、2位と4位も獲得した。搭載されたエンジンは1996cc 220馬力の直列6気筒4バルブDOHCのGR8型。

GC10型スカGのボディをベースに新開発された「ニッサン・スカイライン2000GT−R」(PGC10型)が1969年2月に発売された。GT−Rの名称が付けられた最初のモデルだ。そして同年5月に開催されたJAFグランプリで優勝してから1971年10月まで驚異の49連勝を記録し、スカG神話を不動のものにするのである。リアフェンダーのサーフィンラインをカットして高性能タイヤを履いた姿には凄みさえ感じられた。

GT−R (PGC10型)のボンネットの中に納まっていたのがS20型エンジンだ。プリンス時代のプロトタイプレーシングカーR380のエンジンをディチューンしてソレックス40PHHキャブを3連装した2リッターDOHC直列6気筒エンジンだ。1気筒4バルブ機構で、最高出力160馬力を出した。

1965年当初ベストセラーカーであったコロナハードトップをベースにDOHCエンジンを搭載しスポーツバージョンに仕立てたのが「トヨタ1600GT」。発売は1967年8月だ。ソレックス・キャブを2連装した9R型エンジンは110馬力、最高速度は175km/h、変速機は5速仕様もあった。昭和40年代末期、日産対トヨタの対決レースでは常に激しいバトルを展開しファンを湧かせた。

1971年9月に発売されたマツダ・サバンナはその高性能ぶりをモータースポーツの世界でも遺憾なく発揮した。市販車をベースにレース用に仕立てたRX3は71年12月に富士スピードウェイで開催された500マイルレースで総合優勝し、強敵スカイラインGT−Rの国内レース通算50勝達成を阻止したのだ。翌72年5月の日本GPレースではRX3勢が1〜3位を独占し、常勝スカイラインGT−R勢を蹴散らしたのである。

の例外ではなかった。トヨタに替わってマツダ(当時は東洋工業)のロータリー(RE)勢がすさまじい勢いで台頭してきた。ファミリアロータリークーペにはじまりカペラロータリー、さらにサバンナRX3がGT-Rに挑んできた。

最大の山場は1972年5月の日本GP(グランプリ)にやってきた。圧倒的に速いロータリーパワーが1〜3位を独占し、GT-Rは4位と5位にとどまるという結果に終わってしまった。わたしはこの日も記者席から観戦していたが、ロータリーの速さはこれまでのレシプロエンジン車の常識を超えた異次元のものであった。

REの排気音はむしろ爆音といったほうが相応しかったし、コーナーの立ち上がりはまるでブースター付きであった。GT-Rを操っていた某氏は「いやあ、アレは化け物だね、とても太刀打ちできない」とこぼしていたのが印象的であった。この日本GPを境にモータースポーツの勢力図は塗り替えられ、しばらくはマツダの天下が続いたのである。

■スカイライン育ての親、櫻井氏の想い出

GT-Rのモータースポーツにおける絶頂期は「50勝達成」の頃であった。しかし、この頃からクルマを取り巻く環境は次第に悪化し公害問題や石油危機さらには安全問題等の難問が目の前に山積し、自動車メーカーは排出ガス対策などに追われてレースどころではなくなってきた。

そんな1972(昭和47)年9月、スカイラインはフルモデルチェンジをして4代目へ衣替えをした。クルマ社会の環境が厳しかっただけに果たしてGT-RすなわちS20型エンジン搭載車は4代目でも登場するのだろうか……われわれモータージャーナリズムではもっぱらこの点に話題が集中していた。

主力の市販モデル発売から遅れること4ヵ月、1973年1月に注目のRがついに登場した。ハードトップ2000GT-R(KPGC110型)だ。しかし、肝心のS20型エンジンがどうしても排出ガス規制に適合することができず、多くのファンに惜しまれながら同年4月で生産中止の憂き目に遭う。わずかに数ヵ月の命であった。そして……以後GT-Rの名前は8代目スカイラインによって復活するまで16年間の空白期間を置くことになるのである。

ところでスカイラインは初代(ALSID-1型)から7代目(1985年8月登場)まで櫻井眞一郎氏によって育てられたという話はあまりにも有名である。櫻井氏は1951年国立横浜工専機械科(現横浜国立大学機械工学科)を卒業後翌年にプリンス自動車工業に入社し、以来初代から7代目まで一貫した哲学でスカイラインを設計開発、育て上げたのである。その後オーテックジャパン社長を経てS&Sエンジニアリング社長を務めていたが、残念なことに2011年1月に81歳で逝去された。巨星墜つの観であった。

わたしは3代目スカイラインがデビューしたときから機会があるごとにインタビューなどで幾度かお目にかかったことがある。最後はたしかS&Sエンジニアリング社長をしていたときであった。ある出版社のムック誌「スカイラインの歴史」の取材であった。インタビューの最後の質問としてスカイライン開発の原点を聞くと「わたしの設計思想は〝人馬一体〟にあります。鞍上人なく鞍下馬なしというわけで、誰が乗っても自分の身体の一部になれるようなクルマは作れないだろうか、ということです。この思想を一貫してもち続けました」と語ってくれた。

人馬一体の設計思想は櫻井氏が最後に開発を担当した7代目スカイラインで開花したともいえる。4輪独立懸架を採用している車種には4WSのハイ

キャスを標準装着していたからだ。7代目スカイラインから導入された新しい機構で、ステアリングの切れ角と車速に応じて後輪にわずかな変位角を与える4輪操舵のシステムのことである。この新機構の効果を是非体験して欲しいと日産広報ではわれわれモータージャーナリストをわざわざ村山工場へ招待し、櫻井氏立会いの下で7代目の試乗会を開催したのだ。

4WSのハイキャスは、30km/h以上のコーナリングでは後輪全体を前輪と同方向にステアし、早い段階からコーナリングフォースを高め、極めて安定感のある旋回性能を保とうというシステムだ。これは高速域でも効果を発揮し挙動を乱すことなく旋回走行を可能にした。櫻井氏は熱心に4WSの仕組みと走行力学をわれわれに解説しながら人馬一体の思想を説いてくれたが、そのときの表情はいまでも忘れない。決して話の上手なひとではなかったが、満面笑顔で実に楽しそうであった。

ちなみに村山工場は、日産の栃木工場や追浜工場などと並ぶ中核的な生産拠点として重要な役割を果たしてきたが、2004年に完全閉鎖し、その42年間の歴史に幕を閉じた。いま現在その跡地にはイオンモールなどが立ち並びかつての面影はない。1962年プリンス自動車工業第1号車であるグロリアのラインオフから始まって最初のスカイラインもここから生まれたのである。櫻井氏にとってはまさに忘れられない場所であった。

戦時中、中島飛行機荻窪工場の補機工場長をしていた義父は偶然にも櫻井氏の先輩にあたり、横浜工専時代の同窓生名簿に載っている櫻井氏の名前をわたしに見せてくれたことがある。いつだったかこのことを櫻井氏にいうと「あゝ、キミが彼の息子さんかね」と驚いた表情をしていた。義父は同窓会に出席した時に櫻井氏とちょっとした会話を交え、わたしが自動車雑誌の編集者であることを紹介していたらしい。

実はこの頃、わたしはある月刊誌の編集長をしており、読者が選んだ年間最優秀車といった企画で各自動車メーカーの開発責任者を表彰式に招いたりしていた。スカイラインはいわば当時の常勝車で櫻井氏も幾度か表彰式の会場に姿を見せていたからわたしとは面識があったわけで「あゝ、キミが……」の言葉になったのであろう。いま、あらためて櫻井氏のご冥福を祈らずにはいられない。

■三菱乗用車史上に輝く傑作車コルトギャラン

1968（昭和43）年から69年にかけての日本の自動車産業は目覚ましい発展を遂げていたが、社会全体の動きは決して平穏ではなかった。世界的に見てもベトナム戦争はますます泥沼化し、反ベトナム戦争運動や黒人運動指導者のキング牧師は暗殺され、フランスではド・ゴール政権打倒の5月革命が勃発し、米大統領選候補のロバート・ケネディ上院議員が暗殺され、中国ではあの文化大革命の嵐が吹き荒れていた頃だ。

一方、わが国では米原子力空母エンタープライズの佐世保寄港に対する市民の抗議行動が起き、成田では新空港建設に反対する地元住民と学生が警官隊と衝突し、国際反戦デーには全国各地で大規模デモや抗議集会が開催された。いずれも多くの負傷者や逮捕者が出るなど大きな出来事であった。いってみれば世界中が騒乱に明け暮れ、学生や市民が公権力に立ち向かった時期であったといえる。

そんな世の中の暗いムードを一気に明るくしたのは1969年7月のアポロ11号が月面着陸に成功したというニュースであった。当初わたしは人類が初めて月面に立ったなどという事実をなかなか素直には受け入れられなかった。それはどうやらわたしひとりではなかったらしい。アームストロング船長が月面の静かの海にその一歩を印した映像は、もしかしたらトリックではないかとさえ言われたくらいだ。月が輝いている晩にわたしは手元の双眼鏡で長い間月面を観ていたが、観れば観るほど信じがたい出来事に感じてきた。

その年の10月、わが国にも遅まきながら宇宙開発事業団（NASDA。現在の宇宙航空研究開発機構＝JAXA）が発足し様々な宇宙技術の開発が進められた。1992年9月に毛利衛宇宙飛行士が日本人として初めてスペースシャトルで宇宙に飛び立ってからの22年間で、7人の日本人宇宙飛行士が数々の実績を残してきた。さらに、今後は2名の新しい宇宙飛行士の宇宙長期滞在が決定しているという。日本がこれほど国際的に宇宙開発に貢献できる時代がくるとは、当時全く想像もできなかった。

それはともかく、1969年に登場した注目すべき国産乗用車に三菱重工業（当時）のコルトギャランがある。12月に発売された4ドアセダンで、それまでのコルト1200／1500のようにどちらかといえば地味で質実剛健なセダンとは全く異なるコンセプトのもとに新開発されたウェッジシェイプの4ドアセダンだ。

エクステリアはイタリアのジウジアーロの息がかかった〝ダイナウェッジライン〟と称するデザインを採用しており、正統派3ボックスセダンの形ながら、それまでの三菱車のイメージを払拭した斬新かつスポーティなスタイルであった。エンジンもそれまでのコルト1200／1500に搭載されていたKE型とは異なり新開発された4G3系型で、三菱初のOHC機構とクロスフローの半球型燃焼室さらには5ベアリング機構を採用したもので、愛称を「サターン」といった。

ちなみにこの命名は戦前三菱が製造していた航空機用エンジン「金星」「火星」等の名称にならって「土星」を意味する「サターン」と名付けられたものだ。

1.3リッターの4G30型87馬力エンジンを搭載した機種を「ＡⅠ」といい、1.5リッターの4G31型95馬力エンジンを搭載した機種を「ＡⅡ」といった。このエンジンをSUツインキャブ仕様にして105馬力に高めた機種を「ＡⅡグランドスポーツ」（ＡⅡGS）といい、シリーズの頂点に設定した。

コルトギャランシリーズは発売早々の12月に6400台弱の登録台数をマークし、当時の三菱重工業にとっては単一車種しかもセダンのみでの記録としては画期的なものであった。大ヒット作品であった。やはりクルマはまず格好つまりスタイル、加えて動力性能そして足回りの3拍子が揃わないと売れる商品にはならない。

エンジンは高回転までスムーズに吹け上がるし、低速域でもトルクは太いので乗りやすいし、排出ガスは当時としてかなりクリーンな性能を有していた。後に定められた1973年の排出ガス規制値もほとんど原型のままで他社よりひと足早く72年末にクリアするほどであった。

ギャランＡⅠ／ＡⅡシリーズは確実に当時の小型車のなかでは最も輝いていたクルマだ。このクルマが現三菱自動車工業への飛躍のきっかけとなったことは間違いない。その後、1973年2月に登場した大衆車ランサーと並んで三菱車史上に残る最高傑作車とわたしは断言したい。ギャラン／ランサー共に強固なモノコックボディと高性能エンジン、さらには頑強な足回りを武器にサザンクロスラリーあるいはサファリラリーなど主に国際ラリーを舞台に暴れ

1968年5月に発売されたコルト1200／1500は角型ランプを採用した典型的な3ボックスセダンであったが、スタイリングに斬新さが感じられなかったせいか期待したほど売れなかった。1969年12月に発売されたコルトギャラン・シリーズはその反省も込め性能はもちろんスタイリングにも力を入れ、イタリアのカーデザイナー、ジウジアーロに協力してもらい「ダイナウェッジライン」と称する斬新かつスポーティなスタイルを採用した。これが大変な評判を呼び、三菱自動車飛躍のチャンスを作る大ヒット車となった。新開発4G3系エンジンを搭載し1300cc 87馬力搭載車をAⅠ型、1500cc 95馬力搭載車をAⅡ型、最上級スポーティ車をAⅡグランドスポーツ(GS)と呼んだ。

コルトギャランの特徴は三菱初のOHC機構を採用した4G3系エンジンの優れた総合性能と秀逸な操縦安定性を示す足回りにあった。とりわけAⅡGSはSUツインキャブ装着による105馬力エンジン(4J31型)の動力性能と855kgの比較的軽量ボディそして優れたサスペンションによって走りは軽快で、コーナリングが楽しいスポーティ車であった。ちなみにギャランは「勇敢な」の意味、エンジンには「サターン」の名称がある。

三菱ランサーはギャランとミニカの中間に位置するいわゆる大衆車市場への進出を目指して開発され1973年2月に市販された。1200ccから1600ccまで計12タイプのワイドバリエーションで構成されていたが、いずれもボディは強固で安全なモノコック構造、エンジンは実績のある4G3系をベースに早くも低公害化したサターン。半年後の8月に発売された1600GSRはモータースポーツとりわけラリー車のベース車として最適なクルマでサファリやサザンクロスをはじめ各地のラリーで大活躍した。

まくり何度も総合優勝を果たしている。モータースポーツの世界でも三菱の存在は大変なものであった。

■ギャランＡⅡGSの全てを教えてくれた三菱のテストドライバー

ギャランＡⅡGSの試乗紹介記事をまとめるに際し、わたしは三菱のテストドライバー望月修氏に同行をお願いし、都心から高速道路を経て風光明媚な観光地へ赴き、一般道を周遊しながらダート（グラベル）走行まで舞台を広げてみた。

望月氏は1960年代初期からレースで活躍していた優秀なドライバーで、1966（昭和41）年5月の第3回日本GP（富士スピードウェイ）ではコルトフォーミュラ3Aで優勝、翌67年5月の第4回日本GPではコルトフォーミュラⅡＡで優勝、68年6月の全日本鈴鹿自動車レース（鈴鹿サーキット）ではコルトF2Bでこれまた優勝という輝かしい戦績を残していた。

普段は三菱のテストドライバーとして乗用車の開発に携わっていた望月氏は、ＡⅡGSの全てを知り尽くしているだけに、われわれだけでは知り得ない興味ある話を披露してくれた。ステアリングを握りながら助手席のわたしにギャランの一番いい点はエンジン（動力性能）と足回りにあると教えてくれた。

「これからはますます排出ガス規制が厳しくなってくるはずです。出力向上と排出ガス浄化をいかにマッチさせるか、開発段階からこの点を留意したのがこの4G3系型なんです」と前置きしながら新エンジンのポイントを次のように説明してくれた。

「ポイントはまずそれまでのウェッジ型燃焼室を完全な半球型にしロングストロークタイプとしました。さらにOHC機構により吸排気弁をＶ型に配置、クロスフロー方式にしましたが、加えて吸気ポートをややひねって渦流を起こすようにしたんです。これらの相乗効果で燃焼効率は極めて高くなり、その出力とトルクは同クラスのエンジンの水準を大きく上回るようになりました。さらに燃焼速度が速くなったことによりシリンダー内壁に付着して燃え残るガソリン成分を低減し排出ガスに含まれるCO（一酸化炭素）とHC（炭化水素）の量を低下させるという効果も得ました」。

ちなみにＡⅡGSに搭載されている4G31型の最大トルクは13.4kgmだが、これは当時の1.5リッター車のなかでは最も高い数値で、1.6リッター級の性能であった。また、軽快で俊敏な走りの要因は比較的軽い車両重量（855kg）と適切な変速比を持つ4速マニュアルミッションにあり、最高速度は175km/hをマークした。

望月氏がさらに強調した点は足回りにもあった。

「前輪はマクファーソン式ストラット懸架装置とコイルスプリングの組合せ、もちろん独立懸架です。後輪は半楕円リーフスプリングのリジッド式と平凡な前後サスですが、このセッティングがなかなかいいんです。操縦性と乗り心地がかなりのレベルで両立していて、しかも堅牢、コスト面でも有利です。車両前後の重量配分もバランスが取れているので、ステアリング特性もかなりニュートラルだし、狙いどおりのラインが描けるはずです」。

クルマの操縦特性を把握するためにはかなり走り込まないとなかなか分からないものだが、彼の的確な説明と指導によってわたしも薄々なるほどと理解できるようになった。後日、親しくしていた同じ三菱のテストドライバー木全巌（きまた・いわお）氏が「社内のテストコースでは望月さんスゴいよ。とても助手席になんか乗っていられない。限界ぎりぎりで飛ばすからね。あんなに優しい顔しているのに……」と教えてくれた。

ちなみに木全氏は1967年から三菱自動車の国内ラリーチームの一員として活躍し、三菱自動車工業在籍時は開発本部に所属、1999～2002年にはラリーアートのゼネラルマネージャーとして世界ラリー選手権（WRC）に出場するマールボロ三菱ラリーアートの総監督を務めたラリー界の重鎮であったが、当時、わたしの月刊誌の連載記事の執筆や試乗レポートで大変お世話になったうえ、ドライビングテクニックについても多大なご指導をいただいた。残念なことに2013年7月、享年71歳で永眠されてしまった。

いま思えば、この頃からクルマの操縦性や挙動さらには足回りについての論評がモータージャーナリズムの間でも盛んとなり、自動車専門誌でもこれらに関わった記事や特集が多く組まれるようになってきた。専門誌も、やっと専門誌らしくなってきた頃だ。

ギャランの試乗から始まった望月氏との付き合いはその後も何回か続いたが、ある日、彼に不慮の事態が訪れ試乗取材が不可能となってしまった。確か富士スピードウェイであったと記憶しているが、新しいフォーミュラマシンの試験走行時に最終コーナーをはみ出し転倒、マシンが逆さまになり彼は脱出できずにかなりの怪我を負って都内の病院に入院した。入院中ベッドに横たわっている彼を見舞いに行ったが、ギブスで動けない身体を捩りながらわたしの顔を見るなり「いやぁ、まいったよ。コーナーにオイルが漏れていてね、あれじゃ滑ってしまうよね」と嘆いていた。常に沈着冷静、鋭い感性の持ち主もコース上のオイルには勝てなかったようだ。

その彼もいまはもういない。人柄が良く誠実で、博識で、クルマのことは何でも知っていた。そして誰に対しても紳士的な態度で接してくれた。いま彼がいたら、EV（電気自動車）についていろいろと聞いてみたい。

第3章

排出ガス対策と低燃費化に英知を結集した国内メーカー

初めて米国大西部を取材しカルチャーショックを受ける

■給油に奔走！ 悪夢だった1973年の石油ショック

いま思うと、昭和40年代の自動車業界は人間でいえば思春期のようなもので、多感な国産自動車メーカーはいち早く成人式を迎えるべく、やや性急ながら意表を衝く製品を次々に登場させたものだ。その多士済済ぶりには消費者側が選択に戸惑うほどであった。

欧米先進国から生産技術のノウハウを学び、追い付き追い越せ精神のもとに励んできた技術はいつのまにか同じ土俵で勝負をするほどに成長した。なかには世界の名立たるメーカーもついにその実用化を断念したロータリーエンジンを見事に開花させたメーカー（東洋工業＝現マツダ）もあった。日本独自の軽自動車から完璧なGTスポーツカーまで様々なボディ形状と性能仕様で、この年代はまさに百花繚乱であった。

年々各社の生産台数も増加の一途を辿り当然のことながら全国の自動車保有台数も飛躍的に伸びていった。1967（昭和42）年7月には自動車保有台数が1000万台を突破し、そのとしの年間自動車生産台数は315万台に達して西ドイツ（当時）を抜き世界第2位（1967年11月）に躍り出ていた。国民総生産（GNP）はこの年に米国、西ドイツに次いで自由世界では第3位に躍進、69年には世界第2位に伸し上がっていた。翌年には4世帯に1台の割合でマイカーが普及し、71年には自動車保有台数が2000万台を突破した。

それにしても昭和40年代はそれまで体験したことのない様々な社会現象が勃発し、不穏な空気が漂い始めたのもひとつの特徴であった。マイカー元年前後から始まった排出ガス規制は1970年に発生した光化学スモッグや鉛公害問題で世間の関心が急速に高まり、加えて米国のマスキー法が折り重なって厳しい規制の動きがいっきに業界を覆い始めた。自動車関連の税制の動きも消費者はもとよりメーカーにとっても頭の痛い事案であった。1968年の自動車取得税（3%）実施、71年の自動車重量税新設などである。

さらに運転席安全ベルトの義務化（1968年）、欠陥車の公表義務化とリコール制度発足（69年）、自動車騒音規制（71年）、交通規制の強化等々挙げれば切りがないが、70年には交通事故死が史上最高を記録するなど負の現象が目立つ時期であった。

一方では1970年の日本万国博覧会（大阪万博）、翌年の沖縄返還協定調印、田中角栄の日本列島改造論（善し悪しは別にして）、日中国交正常化、冬季オリンピック札幌大会（72年）など国民に勇気や希望を抱かせる出来事もあった。

しかし、何といってもわれわれにとって衝撃的な〝事件〟は1973年の「石油ショック」であった。第4次中東戦争勃発によりアラブ石油輸出国機構（OAPEC）が対イスラエル戦略のため石油減産措置を決定したからだ。第1次オイルショック発生である。

政府は日曜・祝日のマイカー高速道路乗り入れ規制を図り、通産省（当時）はガソリンスタンドの日曜・祝日の休業（閉鎖）を発表、さらに自動車業界は石油・電力等の10%使用節減を強いられた。狂乱物価でトイレットペーパーの買いだめに走る主婦、大幅に値上げしたガソリン価格にもめげず給油に奔走するドライバー（わたしもそのひとり）、まさに世も末の様相であった。とにかくいま思い返しても暗くなる出来事で一杯だった。

■T型エンジンに魅せられて カローラ1400SLクーペを買う

さて、クルマの排出ガスによる公害問題がクローズアップされてきた1970（昭和45）年5月、トヨタ・カローラがフルモデルチェンジをうけ2代目のKE20型系になった。初代より全長で100ミリ、全幅で20ミリ大きくなり、室内長は30ミリも長くなった。安全性と走行性能の向上に加え居住性がひと回り大きく成長した点と、新たにスポーティなクーペボディがシリーズに加わった点が特徴だ。

全身が適度な曲面で包み込まれふくよかな顔つきとなったが、フロントグリルのデザインは余りいただけなかった。ヘッドライト周りの飾りやラジエターグリルの格子などに多用されていたグレー色の樹脂成形部品はいささか安っぽくカローラの品位を落としていた。

エンジンはKE20の車型で分かるとおり当初は3K型1.2リッターをメインにしていたが、1970年10月には新開発したT型1.4リッターエンジンをシリーズに追加、このエンジンを搭載したTE20型が2代目の主力車種となった。

3K型で新登場したときクルマに詳しい編集部専属の外部ライターがボンネットを開けて「エンジンルームが広すぎるね。余裕がありすぎる。これ、近々もっと大きなエンジンが載るんじゃないかな。運転席に座ってみても分かるけど変速機のフロアトンネルがやけに大きい。間違いないね」と言い切った。彼の予測はズバリと的中、KE20型新発売後わずか半年足らずで〝パッション〟エンジンと名付けられたT型1.4リッターが搭載され、カタログもこのエンジンを大々的に取り上げ、いかに優れた機構を有した高性能エンジンであるかを宣伝していた。

当時のカタログには確か次のような文言が見られた。「トヨタ7やトヨタ2000GTの心臓を開発した技術陣が新たに設計したハイパワー1400ccエンジンです。最高出力90馬力、最大トルク12.0kgm、ゼロヨン加速17.2秒のすさまじい出足、さらに中高速での豪快な加速性能を発揮。トルクが高く実用回転域で高出力が得られるのが特徴です。抜群の燃焼効率で排出ガスも極めてきれいですから街を汚しません……」と自信たっぷりであった。

ここまで自画自賛できる理由は、T型エンジンにはそれを特徴づける3大メカニズムがあったからだ。ちなみに「トヨタ7」というのは1968年5月の日本GPレースに初出場したトヨタ最初のプロトタイプマシンである。3リッターながら5.5リッターV8エンジン搭載の日産R381と互角に張り合い観衆を大いに湧かせたものだ。

では、その3大メカニズムとは。ひとつはクロスフロータイプの吸排気機構だ。吸排気ガスが燃焼室を直線的に横切る（すなわちクロスフロー）ようにバルブが配置されているから、その結果、低速から高速まで吸排気が完全に行なわれ大きな爆発力が得られる。二つ目は半球型燃焼室とセンタースパークプラグだ。半球型燃焼室の頂点に点火プラグが付いているから爆発力がピストンにむらなく伝わり、燃焼効率が極めて高い。三つ目はダブルロッカーシャフト方式の動弁機構だ。ロッカーシャフトを吸気弁用と排気弁用にそれぞれ独立させ、高速域でもバルブ作動が正確に働き出力ロスを防ぐことができるのだ。

これらのメカニズムの相乗効果でT型エンジンは低速から高速までスムーズに回り、しかもレスポンスが鋭いというわけだ。「かつてないスポーティドライブの世界を開きます」というカタログのキャッチコピーはあながち嘘ではなく、わたしもこのパッションエンジンの鮮烈なパワーをトヨタ広報から拝

初代カローラの登場から４年後の1970年5月に2代目カローラがデビューした。ボディはひと回り大きくなり外観意匠もガラリと変わった。発売当初は３K型1200ccエンジンが主力だったが、同年10月には新開発T型1400ccエンジンを搭載したTE20型がシリーズのメイン車種となった。

2代目カローラに搭載されたＴ型エンジンは「パッション」という愛称が与えられた。パッションエンジンの特徴は、OHVながらクロスフロータイプの吸排気機構とダブルロッカーシャフト方式の動弁機構、さらに半球型の燃焼室とセンタースパークプラグを持つことだ。つまり燃焼効率に優れ、高速域でもバルブの追従性がいい。弁機構は直ぐにでもDOHCエンジンに変身できる素質を有していた。

2代目カローラに搭載された1400cc T型エンジンの標準仕様は86馬力であったが、これをツインキャブ仕様の95馬力にしたT−B型を搭載しスポーティ仕様に仕上げた車種が1971年4月に登場した。1400クーペSLと同SRである。SLは文字通りスポーティ&ラグジュアリーつまり高性能と豪華さを同時に盛り込んだグレードであり、SRは装備を比較的簡素化し代わりに専用の強化サスペンションを採用してラジアルタイヤを標準装着したモデルだ。そのままラリー競技に出場できそうな出で立ちであった。

1972年3月にスポーツファン待望のホットモデルがデビューした。カローラの最強モデル「レビン」だ。既にセリカ及びカリーナのGTに搭載されていた1600ccの２T−G型エンジンを搭載した車種で、５速変速機を駆使して最高速度は190km/h、比較的軽い855kgのボディはゼロヨン加速16.3秒を実現させた。このポテンシャルを活かしてラリーやレースなど国内外のモータースポーツで大活躍した。

借した試乗車で存分に味わった。この味が忘れられず、わたしは初代カローラを購入したなじみの販売店に赴き1400クーペSLを買うことにした。エンジンが換わると走りはこんなにも変わるのかと認識を新たにしたが、とにかくドライブが一段と楽しくエキサイティングなものに変化した。

■強力エンジン搭載で モータースポーツ界を席巻したカローラ・レビン

T型エンジンの特徴をひと言でいえば「ツインカムエンジンに限りなく近いOHVエンジン」となる。ツインカム即ちDOHC(ダブルオーバーヘッドカムシャフト)エンジンの基本的条件であるV型バルブ配置とクロスフローの吸排気機構、そして半球型燃焼室とセンタープラグというメカニズムを持っているからだ。つまりT型はその機構とレイアウトがDOHC化するのに都合のいいエンジンであった。

案の定、1972(昭和47)年3月カローラシリーズに衝撃的な新機種が登場した。「レビン」(TE27型)である。レビンにはこのT型の内径(ボア)を5ミリ拡大して排気量を1.6リッターにボリュームアップし、さらに動弁機構をDOHCにした2T-G型が搭載されていた。ソレックス・キャブを2連装し、最高出力は115馬力、5段ミッションによるゼロヨン加速は16.3秒、最高速度190km/hを誇るスポーツモデルであった。

この2T-G型エンジンは1970年12月に登場した初代セリカ1600GTに搭載され初デビューしたものでレビン/トレノが最初ではない。大体T型エンジンは元々セリカとカリーナに載せるために開発されたエンジンであり、2T-G型はそのセリカの頂点であるGTモデルに搭載されたわけである。なぜレビン/トレノに2T-G型が搭載されたのか、その経緯がまた面白い。

実は、わたしは1991(平成3)年に『カローラ物語』と題する単行本を執筆するためトヨタ本社に佐々木紫郎氏を訪ねカローラの開発秘話を取材したことがある。佐々木氏は初代カローラの主査長谷川龍雄氏のもとで主担当員として活躍し、その後2代目〜3代目カローラの主査(開発責任者)を歴任したひとだ。わたしが訪ねたときはトヨタ自動車の副社長として分刻みの超多忙な毎日であったが、インタビューには快く応じてくれ数々のエピソードを披露してくれた。そのひとつがセリカGT用エンジンをカローラに搭載した理由であった。

佐々木氏が語ってくれたエピソードはこうだ。

「……社内に主査たちが集まる溜り場みたいな所があって、そこにいろんなエンジニアが立ち寄っていくわけですが、なかにはレースやラリーの好きな連中がいたりして、そんな彼らの雑談のなかから〝どうでしょう、いっそのことあの2T-G型をカローラに載せたら〟という意見があったんです。いろいろ考えたら〝これは面白いな〟という結論になってああいう形でデビューしたわけです。わたしは試作車をちょっと拝借して夜中に走ってみたんですが、いやあ、力の強いクルマを走らせる楽しさ、本当のスポーツカーの楽しさをアレで味わいましたよ。アクセルを踏んだ瞬間に背中がググッと押し付けられるあの感じはいいもんですね……」。

まさにひょっとした雑談から生まれたヒット商品であった。

わが国初のスペシャルティカー・セリカ1600GTはその高性能ぶりもさることながら、これまで国産車には見られなかった未来感覚の先進的なスタイリングでスポーツマニアの垂涎の的となったが、この魅惑的な外観に比べるとカローラはいささか平凡す

初めてセリカ1600GTを見たとき、その未来感覚に満ちた妖艶なスタイルと迫力溢れたGTコクピットに魅せられた。市販されたのは1970年12月。当時米国で急速に流行し始めたスペシャルティカーの市場に着目しその日本版として企画されたものだ。高性能で比較的低価格、そして何よりスタイルが抜きん出て良いことがスペシャルティカーの条件だった。当時筆者は米国で得意げにセリカを乗り回している若者をよく見かけたものだ。

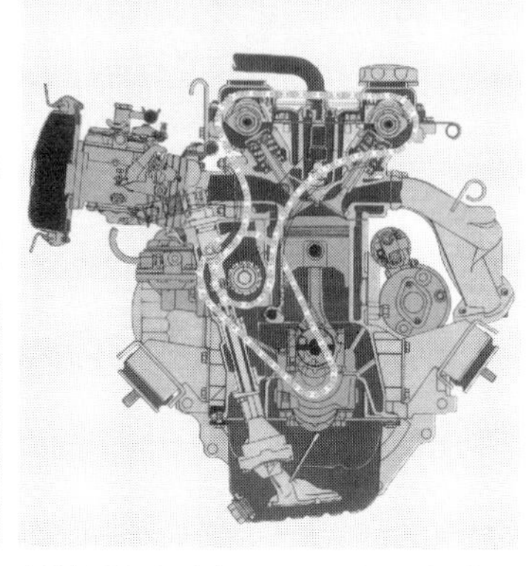

セリカ1600GTやカローラ・レビン及びスプリンター・トレノに搭載されていたエンジンが2T−G型だ。ベースとなったのは1400ccのT型で、その内径を80ミリから85ミリに拡大し排気量を1407ccから1588ccに増量、同時に動弁機構をOHVからDOHCにし、ソレックス・キャブを装着したものだ。最高出力は115馬力。排ガス対策の都合で1975年秋に生産は中止された。

セリカとカリーナは1970年12月に発売された。セリカのスペシャルティカーに対してカリーナは高速走行時代に対応のファミリーカーとして開発された実用セダンで、両者のスタイルはまさに対照的だ。しかし全く異なったボディスタイルを持ちながらパワートレインおよびシャシーはセリカと共通する姉妹車で、低コスト化を図りながら見事に別シリーズを造り上げた。なおカリーナに1600GTが誕生したのは71年4月である。

ぎた。しかし、この平凡な大衆車にセリカGTと同じ心臓を移植したところがミソであり、それが若者の心をとらえたのだ。

性能は両車互角だが、価格は当然ながらスペシャルティカー・セリカGTのほうが高かった。セリカ1600GTは87.5万円、レビンは81.3万円(いずれも発売当初の価格)と6.2万円の差があった。外観や内装・装備の話を抜きにすれば、ほぼ同じ性能だから廉価なほうがいい、というわけで走り屋にはレビンが圧倒的に支持された。

もうひとつ、モータースポーツ活動のベース車には車両重量が軽いほうがいい。セリカGTの車重は955kgだがレビンは865kg、セリカより90kgも軽いボディに同じエンジンを搭載しているから当然のことながら戦闘力はレビンが勝る。気位の高い高貴なセリカに対して、レビンは野性味溢れるファイターといった感じであった。

このことはレビンが市販されてから2ヵ月後の5月に開催された日本GPレースで早くも証明されたのだ。当時はトヨタと日産の熾烈な戦いがサーキットで繰り広げられていたときで、いま思ってもこれほど盛り上がった時期は後にも先にもない。モータースポーツファンにとっては最高の時期であった。

この日、日産のサニーエクセレントとレビンの一騎打ちを見ようと富士スピードウェイには大観衆が押し寄せていた。わたしも取材のため前日から詰め掛け、コントロールタワーの脇からスタートの瞬間をドキドキしながら待っていたが、やがて腹の底まで響き渡る轟音とともにスタート､結果は､終始リードを保ったレビンが見事クラス優勝でデビュー戦を飾ったのである。

レビンはサーキットレースでの活躍はもちろんだが、本領を発揮したのはむしろラリーの世界であった。そのポテンシャルの高さはラリーの本場ヨーロッパでも証明され､1973年から75年頃にかけてレビンの海外ラリーでの活躍は目覚ましいものがあった。

それにしてもトヨタにおけるT型エンジンの功績は実に大きかった。1.4リッターから始まって、これをベースに展開されたエンジンは1.6リッターの2T型、高出力のスポーツエンジン2T-G型、53年排ガス対策をクリアした1.6リッターの12T型と1.8リッターの13T型など、1970年からざっと12年間以上もトヨタの新型車の主力エンジンとして君臨してきた。カローラでいえば4代目まで生き延び、1983年3月に打ち建てられた金字塔「カローラ生産累計1000万台」の主役を担ってきたのだ。

しかし、やはり排出ガス規制はT型にとっては厳しいものがあり、加えて燃費問題やエンジン単体の重量などがネックになって次第に新型エンジンへと換装されていった。

トヨタの歴代エンジンのなかで、初代カローラに搭載されたK型と2代目から新登場したT型は間違いなく名機と呼ぶにふさわしい傑作エンジンだと言い切れる。いまでこそトヨタは世界に名だたる巨大企業だが、その基礎固めをしてくれたのは初代カローラであり2代目カローラから搭載されたT型エンジンであると言い切っても間違いではない。トヨタは改めて彼らに感謝の意を表してもいいのではないだろうか。

■カローラで出勤中、あの三億円事件の一斉検問に出合う

1968（昭和43）年12月10日の朝、わたしはいつものように東京は八重洲口にある会社を目指してカローラ（初代KE10型）のハンドルを握っていた。この頃はマイカー通勤がまだ許される環境にあったから週に何回かは愛車で通勤することができた。出勤途中で外部執筆者の自宅に寄って原稿を受け取るときとか、印刷所に原稿を届けるなど用事があるときはクルマのほうが楽だし効率的だったので度々マイカーを使用していた。

この日も用事があって会社には直行届けを前もって提出していたので自宅を出たのは9時半を少し過ぎていた。自宅から抜け道脇道を通過しておよそ15分、新青梅街道へ出たところで一時停止をしていたらどこに隠れていたのか警察官が数人わたしのクルマを取り囲んだ。免許証拝見から始まって定番の質問が矢継ぎ早に、そしてトランクまで開けさせられてやっとの放免、さていったい何なのか。

交通違反ならトランクまでは開けない、煙に巻かれたまましばらく走りながら何気なくラジオのスイッチを入れるとNHKが臨時ニュースをせわしなく繰り返していた。「本日朝9時半頃、東京都府中市で工場従業員のボーナス約3億円が強奪されました。犯人は逃走中です」。9時50分ごろに東京都全域に緊急配備が敷かれ、警察は要所要所で検問を実施しているという。これだ！　わたしはこの検問に

日産初のFF（前輪駆動）小型量産車チェリーE10型が市販されたのは1970年10月だ。全輪独立懸架を採用し、FF機構のメリットを活かした広い室内を確保していた。1000ccのA10型は水冷直列4気筒988cc OHVエンジンで58馬力、1200ccのA12型は同じく68馬力。2ドアスタンダードは610kgと軽量だった。

小型車のFF化に遅れをとったトヨタが初めて市場に放ったのが初代ターセル&コルサだ。1978年8月に発売された。FF方式であったがエンジンは横置きではなく縦置きで、新開発の直列4気筒OHC1500cc1A－U型80馬力を搭載していた。

1971年9月、チェリーにクーペボディが追加設定された。プレーンバックスタイルと呼ぶ流れるようなハッチバックは強烈な個性を発揮した。この1200X－1はSUツインキャブ仕様で80馬力、直進性に優れたスポーティ車だった。

引っ掛かったのだ。誕生日を明日に控えて何と運が悪いんだろう！

後で分かったのだが、犯人はカローラで逃走中だったという。なるほど、これなら合点だ。しかも、わたしが自宅を出たのは9時半過ぎであったから、まさに要所での検問時間に符合する。現金輸送車はセドリック、犯人は白バイ警官を装ってこのセドリックを強奪し、途中でカローラに乗り換えて行方をくらましたという。つまり犯人はオートバイも乗りこなし、クルマの運転もうまい人物だ。加えて似顔絵でも分かるとおりなかなかのハンサムボーイである。

それで納得したのだが、実はこの「3億円事件」が起こってから2年ほど経過したとき、2人の刑事がわたしの家を訪ねてきて再びの質問攻め、彼らの疲れ果てた顔を見ていたら思わず「ご苦労さん、頑張ってください」の言葉が出る始末。3億円は現在の貨幣価値に換算すると恐らく数十億円になるという大金だが、これは単なる窃盗罪に該当するというから、1975年12月10日に公訴時効が成立、1988年12月10日に民事時効が成立して未解決事件となってしまった。とにかくカローラつながりでわたしも捜査対象となってしまった忘れられない事件ではある。

■日産初のFF車初代チェリー、デザインはいまいちだが高性能だった

1970（昭和45）年前後は国産車の当たり年で、様々な興味ある車種が続々登場し、自動車雑誌編集者としては取材に奔走する忙しくかつ楽しい時期ではあったが、世の中は次々に物騒な事件が発生し日本はもとより世界中が騒乱に明け暮れ、公害問題への関心も高まって自動車業界にとっては安閑としていられない時期であった。

それでも1970年の4輪車生産台数は500万台を突破し世界第2位、4輪車の輸出台数も100万台を突破していた。そして4輪免許保有者は2000万人（女性300万人）を突破し、4世帯に1台にまでマイカーの普及率は高まっていた。この年の国勢調査では日本の人口は1億人を突破していたから5人にひとりは4輪免許を保有していたことになる。

ところで1970年9月に日産が新発売した初代「チェリー」（E10型）にはちょっとした想い出がある。チェリーは日産初の前輪駆動方式（FF）の小型乗用車で、水冷直列4気筒988cc OHVエンジン（初代サニーと同じ）を横置きにし、FF車の元祖ともいえる英国のミニ（当時）同様にエンジンのシリンダーブロックの真下に変速機を置くいわゆる2階建てレイアウトを採用、全長3610ミリ、全幅1470ミリ、ホイールベース2335ミリのコンパクトなボディに広い室内を確保したユニークなクルマであった。

エンジンを横置きにするので前輪トレッドは当時類車中最も幅広く（1270ミリ）しかもFFだから直進性は極めてよかった。そのうえ前ストラット／後セミトレーリングアーム式の4輪独立懸架方式によって乗り心地も大変によかった。1リッターのA10型エンジンは58馬力、1.2リッターのA12型は68馬力だが、なにしろ車両重量が軽いので走りは軽快であった。ちなみに2ドアスタンダードは610kg、4ドアGLでも655kgで収まっていた。

チェリーは当時のカローラやサニー、スバルff-1に代表されるいわゆる大衆車クラスより若干下のカテゴリーを狙ったクルマで、いってみればパブリカと同クラスのジャンルに属していた。旧プリンス自工が日産に吸収合併（1966年8月）される前から次世代のFF車はどうあるべきかを研究開発していたその成果がチェリーだといわれている。さすがのト

ヨタも当時まだこのクラスのFF車は開発していなかったので、ライバルの日産が初めて世に送り出したFF車に対しては興味津々であったに違いない。

そこで、わたしがキャップをしていた月刊誌ではこのチェリーの大特集を組むことにし「ライバルメーカーの技術陣はチェリーをどのように評価するか」を特集の柱のひとつに加えたのだ。

これはもう時効だから話してしまうが、日産の広報車両を3日間拝借しトヨタの技術関係者と共に長距離試乗を敢行したのだ。都心から確か群馬県方面を通過し、さらには軽井沢方面へと足を伸ばして様々な路面状況のもとでその走りっぷりを調べてみた。

確かに直進時の操縦安定性は極めて良かったものの転舵時の操舵フィーリングにはまだ若干の違和感を感じ、急勾配の登坂時には前輪駆動のやや頼りない挙動が垣間見られた。動的にはまだ未熟な点が多々あったが、広い室内空間や後席のゆとりには感心したものだ。同行したトヨタの技術関係者もほぼわれわれと同じ印象を受け大分参考になったようだが、残るはさらなる熟成とスタイリングだとの結論に達した。

ちなみにトヨタ初の前輪駆動大衆車はチェリー登場から8年を経過した1978年8月に新発売された。初代ターセル＆コルサである。エンジン（新開発直列4気筒OHC1452ccの1A-U型）はチェリーとは異なって縦置きにセットされて登場した。スタイルも含めかなり新鮮なパッケージであったが結局ターセル＆コルサは国内では失敗作に終わってしまった。それから5年後、1983年5月には5代目カローラが初のFF方式を採用してデビューし、これは大成功であった。

初代チェリーは1970年から74年まで生産されたが、その間1971年9月にはツインキャブ80馬力のクーペ1200X-1が、73年3月にはラジアルタイヤを標準装着したスポーティモデル・クーペ1200X-1・Rが登場した。当時モータースポーツの分野でゼロヨン加速のレースが流行していて、わが編集部ではクーペ1200X-1を購入し富士スピードウェイにおけるドラッグレースに参加したものだ。

日産もワークス体制で72年からレースに参戦していたがチェリーの戦闘力はなかなかのものだった。74年9月からは2代目チェリーFⅡ（F10型）へとモデルチェンジし、さらに1978年にはチェリーの後継車種として初代パルサーがデビューした。

クーペ1200X-1が活躍していた頃だったと思うが、編集部で定期講読していた外国の自動車雑誌に世界のワーストデザインの特集記事があって、そのなかに何とチェリークーペが見事（？）に写真入りで名を連ねていた。あの力感溢れる〝プレーンバックスタイル〟が何とも不細工だと説明されていたのを覚えているが、見様によっては斬新なフォルムであり、デザインの果敢な挑戦ではあるが、なるほど確かに当時としてはかなり大胆なスタイリングであり、思い切っていえば極めてダサいクルマであった。

チェリーは、性能は良くてもデザインが良くないとクルマは売れないし人気も出ない……の典型的な例だったかもしれない。しかし、個人的には2代目FⅡや後継モデルパルサーより遥かに愛着を覚える姿態であり、いつまで経っても脳裏から離れない印象深いスタイリングではあった。

■大衆車の規範を構築した初代シビック、間違いなくクルマ史に残る名車だ

前輪駆動車といえば1972年7月にデビューしたホンダのシビックを忘れてはならない。1972年は各社から多くの新型車が登場したが、中でも最も注

目されたのがシビックであった。年初からすでにホンダが夏頃に革新的な大衆車を発表するというウワサが乱れ飛んでおり、メディアは何とか発表以前にスクープ写真を捉えようと躍起になっていた。事前にキャッチしていち早く誌面に掲載すれば確実に実売部数が伸びるので、われわれもあの手この手で情報収集に努めたがテキはなかなか手強く、その姿を捉えることはついに叶わなかった。

果たしてニューモデル・シビックはこれまでにない新鮮な台形デザインで登場してきた。台形をベースにしたスタイリングは幅広の低めのボディで、四隅に踏張ったタイヤはいかにも安定感のある落着いた姿を演出していた。事実、同クラスの競合車と比較しても前輪トレッド（1300ミリ）は最も広く、全高（1325ミリ）は最も低かった。

フロントデザインは奇をてらったところがなく万人向きの顔をしているが、側面と後姿はやや平凡でアクセントに欠ける面があった。モールや飾り物がなかったせいかもしれない。口の悪い連中は「まるでライフの拡大版のようだな」と揶揄したが、シビックのスタイリングは小型車の本場ヨーロッパでは高い評価を得ていたのだ。

発表当初は2ボックススタイルながらハッチバック（HB）ではなかったが、翌8月に3ドアHBモデルが登場し、この3ドアハッチバックGLというグレード車が大変な人気機種となった。全長3545ミリ、全幅1505ミリ、ホイールベース2200ミリのボディ寸法をもち、車両重量は650kg（スタンダードは600kg）と軽く、69馬力（スタンダードとデラックスは60馬力）の水冷直列4気筒OHC1169ccエンジンによって最高速度は155km/hをマークしていた。

最大トルクは10.2kgmでそれほど際立った数値ではないがフラットな特性をもち、軽量ボディと適切な4段フロア変速機のギア比により出足も加速も良好で大変扱いやすいクルマであった。

このいわばライフ（1971年6月発売の360cc軽乗用車）の思想を受け継いだFF大衆車が発表されたとき、われわれにとって意外だった点は「ホンダらしからぬエンジン」にあった。それは最高出力も最大トルクもその発生回転数が低かったからであった。1967年3月発売の軽乗用車ホンダN360のエンジン（4サイクル空冷2気筒）は8500回転時で31馬力を、1970年10月発売のホンダZも同じく8500回転時で31馬力を、空冷から水冷に変わったライフは8000回転時で30馬力を発生していた。

同じ頃、他社の軽乗用車のエンジンは概ね5000〜6500回転時に25〜30馬力であったからいかにホンダが高回転主義であったかが分かる。ちなみに小型車のホンダ1300・99Sは7500回転時に115馬力、スポーツカー・ホンダS800Mは8000回転時に70馬力で、いずれもやはり高回転エンジンであった。

このようにホンダは高回転高出力を売り物に成長してきたメーカーだが、シビック登場を転機に、いってみれば競合他車同様にフツーのエンジンに生まれ変わってしまった。より使いやすく乗りやすくへと方向転換を図ったのだ。端的にいえばややマニアックな方向に向いていたエンジン（クルマ）が大衆に受け入れられる常識的な作りへとチェンジしたのである。「ホンダのクルマ作りが変わった」というわけで、われわれには恰好の取材ネタとなり、自動車雑誌は各誌ともこぞって大特集を組んだものだ。

わたしがキャップを担当していた月刊誌もシビックの全貌を詳報したうえで「FFは大衆車の主流になれるか！？」と題したグラビア特集を10ページも組んだ。FF車の歴史から始まってそのメカニズム、長所・短所、ドライビングテクニック（ドラテク）

ホンダS500が発売されたのは1963年、翌年にS600が発売され、第3弾のS800は66年1月にデビューした。水冷直列4気筒DOHCエンジンは4連CVキャブを装着し最高出力70馬力を8000回転で発生していた。4速MTにより最高速度160km/h、ゼロヨン加速16.9秒の俊足。70年5月まで生産されていた。

初代シビックは1972年7月に2ドア車、9月に3ドア車が発売された。台形ベースの2ボックスセダンで、コンパクトなボディながら5人乗りの広い居住性を確保していた。当初は水冷直列4気筒1200cc SOHCエンジンを搭載、GLの車両重量は640kgと軽かった。1973年12月に新開発のCVCCエンジン搭載車を発売。

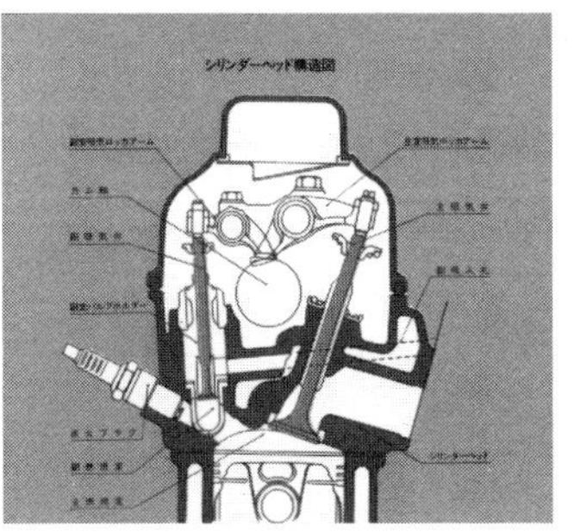

1973年12月、シビックに搭載されたCVCCエンジンは、世界一厳しい米国マスキー法(1970年12月発効の排ガス規制)を最初にクリアしたエンジンだ。CVCCは複合渦流調速燃焼と称するホンダ独自の新開発低公害エンジンで、当初は1488ccで63馬力だった。

まで写真と図解入りで分かりやすく解説したものだ。FFの長短とドラテクの様子を写真で見せるためにFF大衆車の先発組スバルレオーネと日産チェリーを加え〝FF3羽ガラス〟を高速道路はもちろん山岳舗装路からグラベル（砂利道、未舗装路）まで様々な場所に駆り出し走り回った。

シビック1200GLのエンジンは大変静かでどの速度領域でも出足が良かった。操縦性はどの競合車よりもいわゆるFF特性が少なくアンダーステアはほとんど気にならないほどであった。しかもステアリングの操舵力は軽めでレスポンスもシャープであった。安定した走りと乗り心地の良さは幅広いトレッドと適度な重量配分とマクファーソン式ストラットの4輪独立懸架が効を奏していたと思う。初代シビックはこれまでのホンダFF車作りのノウハウが遺憾なく発揮されて完成されたもの……といった感じであった。

当時の雑誌に掲載されたホンダの広告にはシビックの写真の下に次のような文言が記載されていた。「今日の社会で、有効に機能するクルマをまじめに考えたのがCIVICです。その基本的考えは、コンパクトな外観、4輪ストラット方式独立懸架、静粛でフレキシブルなエンジンなどに表れています。けれど、CIVICの設計思想をもっと雄弁に語っているものがあります。それはモールなどの飾りがないボディ、キャップのないホイール、簡潔なインストルメントパネル、GLでさえオプションとした時計です。走る機能とおよそ関係のないデラックス志向をまず断ち切ること。〝ベーシックカー〟とはかくあるものではないでしょうか」。

というのが〝ベーシックカー〟シビックの主張であったが、年々装備内容が豪華志向になりつつあった当時の国産車をチクリと刺したような言葉であった。

ともあれ3ドアハッチバックの2ボックスボディと横置きエンジンによるFF機構の組合せは大衆車の基本的パッケージングを示したものであり、各社のクルマ造りに大きな影響を与えたことは事実だ。またホンダが4輪乗用車市場に本格参入したのはこのシビックからといっても誰も異論は唱えないだろう。戦後の国産車の歴史のなかで最もエポックメイキングなクルマのひとつといえる。

■エンジンの低公害化に先鞭をつけたシビックCVCC

もうひとつ、シビックの功績を挙げなければならない。1973（昭和48）年12月に登場したシビックCVCCである。

1973年の秋といえば例のオイルショック（第一次石油ショック）で日本は大混乱に陥っていたときである。産油諸国はOPEC（石油輸出国機構）のもとに結集して原油の供給を大幅に削減するとともに、独占的に石油価格を引き上げたのである。わが国の経済は石油に頼り石油のうえに構築され、さらにほとんどの石油は中東から輸入されているから、日本中が狂乱物価で荒れ狂い異常なインフレに見舞われた。

原油価格の高騰によりガソリンは2倍に値上がりし、生活用品の枯渇が市民のパニック状態を引き起こした。クルマの価格も大幅に引き上げられたため需要は急激に冷え込み、ガソリン不足も加わって自動車産業とその周辺の世界は悲観的ムードで打ち拉がれていた。自動車雑誌（出版業界）も紙・印刷代の高騰と売り上げ激減で経営は悪化、わたしは正直言って将来の希望を見失い、また転職しなければならないのかと本気で悩んだものだ。

そんな時期にシビックCVCCはデビューしたのである。CVCCというのは「複合渦流調速燃焼方式」

のことで、ホンダはこの燃焼方式で1975年から実施された自動車排出ガス規制（50年規制）を先取りしたわけである。他社の場合はサーマルリアクターや触媒装置などエンジンの排気を浄化するいわば後処理装置方式が主流であったが、ホンダはあくまでも燃焼室内でクリーン化する後処理なしの方法で低公害化を図ったのだ。

その仕組みを簡単に言うと、メインの燃焼室の他に副燃焼室を持ち、最初は副燃焼室内に吸入した濃い混合気に着火し、その火炎を主燃焼室の薄い混合気に伝播させて燃焼させるというもの。つまり点火プラグの火花では着火しないような希薄混合気を少量の濃いガスに点火することによって燃焼させる方法だ。

この水冷直列4気筒OHC1.5リッターエンジンはED型と称し最高出力63馬力、最大トルク10.2 kgmを発揮していた。当時、排出ガス規制に縛られた他社の低公害車の走行フィーリングはお世辞にも快適ではなかったが、シビックCVCCは全く違和感もなく爽快な走りを提供してくれた。

他メーカーに先駆けて低公害エンジンの開発に取り組んできたホンダは一貫してCVCC方式の熟成に力を注いできたが、その結果、環境問題やオイルショックによる価値観の変化へ敏速に対応することができ、しかも全てはシビックにとって有利な方向へと導かれたのだ。

1975年8月、ホンダはシビック1200＆1500の全車種に「51年排出ガス規制」をクリアしたCVCCユニットを搭載し、規制施行前の先行クリアで新発売に踏み切ったが、試行錯誤を繰り返しキメ玉に欠いていた他社はこれで完全にリードされた形になった。

しかし、これをきっかけに各社の燃焼に関する研究開発には一段と弾みがかかり、紆余曲折を経ながらHC／CO_2／NO_xを同時に低減する現在の三元触媒へと辿り着くことになる。しかも悪いといわれた低公害エンジンの燃費も次第に改善され、省燃費と低公害という相反する条件も同時に満足するレベルへと進化した。各メーカーの弛まざる努力の成果である。そういう意味からもシビックCVCCがいかに日本の自動車業界に貢献したか図り知れないものがある。

そしていま、時代は低燃費競争へと突入した。低公害を絶対条件としながら様々な動力源が試されているが、内燃機関（ガソリンエンジン）そのものの改良でも、例えばハイブリッド等にも見劣しない低燃費のパワーユニットが実用化されつつある。もう既に市販されているクルマもある。アイドリングストップ技術も進化している。この先が実に楽しみだが、つまりは社会の低燃費へのニーズが強ければ強いほど技術の進化は速まるのである。この世の中、けっして捨てたものではない……昨今その思いが強くなった。

■JAF公認ラリーで総合4位！ 表彰式でトロフィーを受ける

わたしがT型〝パッション〟エンジンの魅力に惹かれて2代目カローラ1400クーペSLに乗り換えたのは1970（昭和45）年11月であった。それまで愛用していた初代カローラには誠に申し訳ない気持ちで一杯だったが、これも時代の移り変わりだと自分で納得し別れを告げた。

この頃は仕事の合間を見てはJAF公認の国内ラリーなどに度々参加していた。運転の達人たちに見様見真似で教わったドライビングテクニックはかなりのレベルに達していた（と自分では思い込んでいた）が、それならひとつ他流試合でウデを試そうではないかとモータースポーツクラブのイベントに挑戦したわけだ。

問題は助手席に座ってくれるナビゲーターであった。これがなかなか見つからない。はじめの頃は編集部の同僚がかって出てくれたが、この頃のラリーはほとんどがナイトラリーで、夜にスタートして明け方にゴールというケースが多かった。したがってナビゲーターはナビ用ライトの明かりを頼りにコマ地図を見ながら計算しなければならない。つまり顔は常に下向きで作業する。これが彼にとっては苦痛だったのだ。

スタートしてから数時間、順調に各チェックポイントをクリアしオンタイムで走行中、急に「悪い、ちょっと停めてくれ」と彼が叫んだ。急停止すると彼はドアを開け脱兎のごとく外に飛びだした。飛び出すや否や路肩にしゃがみこんで小間物開きをはじめた。しばらくして戻ってきた彼の青白い顔を見てあゝ今夜はこれでおわりだなとわたしは判断し、計算なしのコマ地図ドライブを続行しながらゴール地点までは何とか辿り着いた。

次のラリー参戦が迫っているときナビ役を求めて困っているわたしを見て写真部の後輩が「僕がやります」とかって出てくれた。彼は機械に滅法強くクルマにも精通している繊細な人間だが、一見ひ弱な感じがするので「君はクルマ酔いはしないか」と尋ねると「任せておき！」と自信たっぷり、これは頼りになりそうだと早速の固い握手で健闘を誓い合った。スタートしてからの彼の指示は的確で、計算は速くコマ地図の先読みも正確であった。

山岳悪路で全開走行しても彼は恐がらなかった。S字コーナーが連続するダート走行でわたしがカウンターステアやドリフトをキメると「うまい！」などと気合いも入れてくれた。彼のおかげでほとんどのCP（チェックポイント）でオンタイム走行ができ、ゴール地点で行なわれた戦績の暫定結果ではかなりイイせんをいっていることが分かった。

後日JAFからわたしのところへ連絡が届いて、機械振興会館（当時）で表彰式があるから是非参加してほしいとのことであった。わたしが写真部の彼と喜び勇んで駆け付けたのはいうまでもない。結果は総合第4位で、めでたくトロフィーを受け取ることができ、集まっていた多くのラリーストから盛大なる拍手をいただいた。これは本当にいい想い出となった。モータースポーツのラリーという競技にちゃんと出場していたんだという証は、このトロフィーで証明されたのだから、貴重な体験となった。

ラリー競技というものは優秀なナビゲーターと組まないといい成績は勝ち取れない。そしてドライバーはナビゲーターの指示に正確に応えられるウデをもっていないとラリーは成立しない。わたしは写真部の彼のお陰でつくづくそう思ったものだ。

ところで、その時のトロフィーはいまいずこに……。

■初代セリカの未来的デザインにすっかりホレ込む

1970（昭和45）年はカローラもライバルの日産サニーも2代目に変身し、スバルはff-1・1300Gを発売し、マツダのカペラにはロータリーエンジン搭載車が誕生した。秋のモーターショーが近付くと三菱はギャランの新シリーズ「GTO」を発表し、さらに日産は画期的新大衆車として初代チェリーをデビューさせた。ちなみに軽乗用車ではダイハツ・フェローMAX・SS、ホンダZ、スズキ・フロンテ71などスポーティな車種が新登場、大変なニューモデルラッシュであった。

そして10月下旬、第17回東京モーターショーが

サニーやカローラと共にマイカー元年(1966年)を飾ったスバル1000は1969年3月にスバルff−1となり、さらに70年にはスバルff−1・1300Gに成長した。エンジンはEA62型1267ccで80馬力を発揮、前輪駆動(FF)による優れた直進性と居心地の良い室内空間が特徴だった。

スペシャルティ車志向の需要層に食い込むため開発されたのが三菱コルトギャランGTOだ。1970年11月に発売されている。当時のマスタング・マッハ1を思わせるヒップアップ&ダックテールのスタイルは、それまでの国産車には見られなかった斬新なもので、精悍なフロントマスクと共にそのプロポーションはスポーツモデルの規範的姿態を構築した。搭載エンジンの相違によってMⅠ/MⅡ/MRの3種に分かれ、MⅠはSOHC100馬力、MⅡはSUツインキャブ仕様の110馬力、MRには4G32型をベースにDOHC化してソレックス・キャブを2連装した125馬力サターンエンジンが搭載されていた。

1967年1月、空冷2気筒FF方式で登場した「ホンダN360」は、71年6月にフルモデルチェンジして水冷2気筒に換装「ホンダ・ライフ」になったが、その前年70年10月に軽のスペシャルティカーともいうべき「ホンダZ」(写真)が発売された。これは空冷2気筒OHCエンジンで、スポーティグレードのGTは36馬力を発揮した。今見ても新鮮なプロトタイプルックであった。

開催されるとトヨタのブースではアッと驚く素晴らしい新型車がそのベールを脱いだのである。

第17回東京モーターショーは10月30日から11月12日まで東京は晴海で開かれたのだが、わたしは10月末までに発表予定の新型車の記事を可能なかぎり11月初旬に発売する月刊誌に掲載したいので、10月初旬から各メーカーを回ってネタ集めをしていた。なにしろ原稿の締め切りがモーターショー開幕日の数日前だから忙しない。

メーカー回りの最後にトヨタ自販に寄ってみた。当時トヨタはトヨタ自動車工業とトヨタ自動車販売に分かれていて、現在の「トヨタ自動車」になったのは1982年7月の自工と自販が合併してからである。それまではわれわれメディアの相手をしてくれるのは自販の広報部で、ここに顔を出さないと情報も資料も得られなかった。

この頃トヨタ自販の広報部は靖国神社の向かい側（九段坂上）にある自販ビルのなかにあった。応接室に通されたわたしは広報担当者としばらく雑談をしたあと早速用件にはいった。すると担当者は「いいものをお見せしましょう」といって席を外し、やがて戻ってくると「今度のモーターショーでこれを発表するんですよ」と数枚の白黒紙焼き写真を見せてくれた。これがアッと驚く素晴らしい新型車だったのだ。

「これ、セリカとカリーナっていう新型車なんですが、小田部さんはどっちが好きですか？」。

急に聞かれて困った。どちらも新鮮なスタイリングとこれまでの国産車にはない洗練された容姿をもっていた。しかしわたしははっきりセリカだと答えることにした。セリカの近未来的で斬新なデザインには何ともいえない衝撃的な感動を覚えたものだ。

これまでの国産車にない素晴らしいデザインであった。そして、車名の「セリカ」、なんという素敵な名前なんだろう。資料には星にちなんでの命名とあったが、まるで西洋の美しいお嬢さんのような名前に思えた。

トヨタの広報担当者は「カリーナ（TA10型系）は高速走行時代に対応しうる新しいファミリーカーとして、高性能なスポーティセダンを目指して開発されたクルマです。このエポーレット（肩章）と称する縦型のテールランプがいいでしょう……」とカリーナを勧めていたが、わたしはスペシャルティカー・セリカ（TA20型系）の魅力に一目惚れしてしまった。

セリカは、当時アメリカで急速に需要を拡大していたスペシャルティカーの市場に着目し、日本版のそれとして企画されたもので、その開発条件はまず洗練されたスタイル、そして高性能を有すること、しかも比較的廉価で若者にも十分手が届く価格レンジの設定、というものであった。

第17回東京モーターショーは国産車のニューモデルラッシュもさることながら外国車の全面参加で国際色が豊かになり、晴海の会場は開催初日から熱気に包まれていた。そして会場の人気者はやはりセリカであった。来場者の熱い眼差しに囲まれたセリカは誇らしげにその妖艶な姿を余すところなく披露していた。

ちなみに開催2週間（14日間）の観客動員数は145万3000人と大盛況で、いかに当時の一般大衆がクルマに関心を寄せていたかが分かる。しかし、わが国のモーターショーはバブル景気の絶頂期にあたる1991（平成3）年の201万8500人をピークに来場者は年々減少傾向を続け2009年のときは61万4400人（13日間）にまで落ち込んだ。やはり若年層のクルマ離れや少子高齢化などが響いていると思われる。

一方、2011年4月に開催された第14回上海モーターショーなどは1日の来場者が15万人を超えたとさえ報道されている。いまやアジアの自動車市場の中心は完全に中国へ移りつつあるようだ。それにしても東京モーターショーは2011年から会場を千葉の幕張から東京ビッグサイト（有明）に移して規模も縮小している。時代の変遷とはいえ誠に寂しいものだ。

セリカとカリーナは、モーターショーが閉幕してからひと月ほどあとの12月に新発売された。セリカシリーズはその頂点にソレックス・ツインキャブ装着の2T-G型エンジンを搭載した「セリカ1600GT」を設定したが、価格は87.5万円と予想を若干下回るものであった。開発条件であるスタイル、高性能、そして比較的低価格……は全て満たされてのデビューであった。

ちなみに当時のライバルと目されていたいすゞベレットGT-R（1600cc）は111.0万円、三菱ギャランGTO-MR（1600cc）は114.5万円、いずれも100万円を上回っていた。カリーナには当初からの設定はなかったが翌1971年4月にセリカ同様「カリーナ1600GT」がシリーズに加わり、この価格も81.8万円と比較的低価格であった。

■初めての海外取材は35日間の米国西部8千km。セリカも走っていた！

話はちょっと逸れるが、第17回東京モーターショーには忘れられない想出がある。実は1970（昭和45）年10月24日にわたしは白金の迎賓館（当時）で結婚式を挙げたのだ。今になって思うのだが、なぜこの一番忙しいときに式を挙げたのだろうか。未だによく分からないが、多分、締め切りで忙しいときにわたしが不在だといかに困るかを見せ付けてやろう、という思い上がった考えも多少あったに違いない。

その頃わたしと編集長との間に確執があったことは否めない。ともかく、モーターショーが開幕するのは30日からだが、前日（29日）の夜には編集部員総出で晴海の会場に潜り込み、各社のブースを手分けして回りながら未発表のコンセプトカーや新型車などがあったら無理をしてでも取材撮影し、急いで会社に戻って緊急入稿しなければならない。

通常の締め切りはとっくに過ぎているのだが、モーターショーのページは印刷所も特別に考慮してぎりぎりまで待っていてくれる。その日は全員ほぼ半徹（徹夜に近い状態）で頑張るのだ。しかも通常入稿のぶんは既に校正が始まっている。そういうときにキャップであるわたしが休んでなんかいられない。当然のことながらわたしは自覚していた。

そういう事情を考慮してわたしは10月25日から27日までの3日間しか新婚旅行（紀伊半島方面）の日程は取らなかった。27日夜に帰宅してホッとする間もなく無粋にも編集長から電話が掛かってきた。「君、明日から大丈夫だね？」。出社してくれるねと念を押してきたわけだ。全てを自覚しながら行動しているわたしに、こういう形で業務命令を下すとは随分と無神経なひとだと思った。しかも新婚旅行から帰ってきたその夜に電話をしてくるなどまことに無礼で気配りがない。もともと陰湿な性格を持っていた彼だが、わたしはすっかり彼に嫌気がさし、翌日から次第に彼との距離を開けるようになった。

それからざっと1年7ヵ月後のある日、わたしは編集長に「ちょっと話があるんだ」と会社のそばにある喫茶店に呼ばれた。「君にはもう後継ぎもできたことだし、海を渡っても差し支えないだろう……」と変な切り出しかたで話は始まった。確かに長男は1971年10月に生まれてもう7ヵ月が経ち、今が一番可愛いときであった。

わたしはどういうことでしょうかと話の先を促した。「実は米国商務省観光局（当時）から取材旅行に招待されているのでウチからは君を参加させたいと思う」というのだ。つまり海外取材に行ってこいとの業務命令だが、万が一にも航空機による死亡事故があっても君には後継ぎが居るのだから構わないだろ……という意味だ。こんな遠回しにものを言うひとが世の中にいるだろうか……わたしは呆れ返って返答に困ったが、取材期間はざっと35日間、取材先は米国西海岸から中西部にかけての主たる観光地だという。ひと月以上も彼のもとから離れられるだけでもいいじゃないか、しかもわたしの大好きな米国西部の取材だし……と自分に言い聞かせて表面的には渋々と承諾した。後日同僚から聞いた話だが編集長は大の飛行機嫌いで、とにかく地上から離れる乗り物には絶対乗らない臆病者であることが分かった。

帰宅してから話の一部始終を妻に話したら「いい機会だから行ってらっしゃい」とすんなりのOKサインであった。妻は独身時代に横浜港からナホトカ～ハバロフスク経由でロシア（当時はまだソ連）を横断、ヨーロッパ入りしてドイツおよび英国にしばらく留学していた経験を持つので、海外旅行に対するアレルギーはなかった。むしろわたしの米国取材には積極的であった。

旅行関係のメディアを主とする各分野のジャーナリストが10人ほど選ばれて35日間の米国西部地域を取材するわけだが、自動車雑誌からはわたしの月刊誌だけが選ばれた。条件として、取材中のクルマの運転を担当してくれという。なんだ、運転手役かと思ったが、考えてみれば取材陣一行の命を預かる大役だ。原則的には各メディア1名の派遣であったが、わたしひとりだと運転するのが精一杯、カメラを構えて取材までするのはいささか無理な話なので、もう一人ウチの写真部員の同行を申請した。この要求は当局に認められ、われわれの雑誌のみ2名の参加となった。

クルマ2台を連ねてひと月以上の米国取材は、ざっと計算しても走行距離は約8千km以上になる強行軍であったが、取材に使用したクルマはフルサイズのグラントリノのステーションワゴンで、全てに余裕たっぷり､比較的楽なドライブが敢行できた。最近になってこの車名をタイトルにしたクリント・イーストウッド監督主演の映画が公開されたが、懐かしさも手伝って早速観賞してみた。このクルマこそアメリカそのものだと主人公がこよなく愛する気持ちが切なく伝わってきて40年以上前に想いを馳せたものだ。

当時、取材中でもつくづく感じていたのだが、この「ドでかい」大陸を不安なくしかも楽に移動するためにはやはりフルサイズの大排気量車でなければならない。日本車が米国に輸出する際にはほとんどの場合排気量を大幅に上げている理由がよく理解できた。

■米国はクルマも観光地の土産品もメイドインジャパンで溢れていた！

終戦時に小学校1年生だったわたしは、戦後の耐乏生活を体験しながら占領軍の強い影響をうけた。ジープから降りた米兵からチューインガムやチョコレートを貰ったこともある。敵国だった意識もないままラジオから流れるバッテンボー（ボタンとリボン）を覚え、中学生になってからはラジオのWVTR（当時の進駐軍放送、その後FEN、現在はAFN）に

1972年の夏、米国中西部の主な観光地を約1ヵ月間取材したが当時は既に日本車が沢山輸出されており至る所で馴染みの車種に出会った。ちょうど夏期休暇にも重なり、米国市民のカー&レジャーぶりをつぶさに見ることができた。

フラッグスタッフで見た1917製のクラシックカー

ウーレイの町に駐車していたバギー

"このバギー売ります"

オールドカーの横を日本製2輪車が走り去る

アリゾナ・ナンバーのユーモラスなバギー

ウワサ以上に多い日本製の新車

日本車が多いことは，輸出台数からみても容易に想像できるものだが，現実に，この西部で多くのメイド・イン・ジャパンを見て，改めて驚かされたものだ。

最も多く目に付いたのがフェアレディ240 Zだ。安価なのが人気の最大の理由だと多くの人が信じているし、事実そうかもしれない。しかし，すくなくとも，実際に走っている姿を見ると，ひときわ目だつボディスタイルだし，とにかくカッコいいのだ。これがなんといっても人気の元だと思う。口ヒゲをはやした男，若いアベック，ヒッピーふうの男と女の子のような男の子，乗っている人はさまざまだが，いずれも自慢そうにハンドルを握っている。町中をゆっくりと流しているサマは，ボクら日本人でも見とれてしまうのだ。どんなヘンピないなか町に行っても必ず走っているほどホントに多い。

Zに次いで目立つのはセリカだ。ほとんどがST。女性のオーナーが意外に多い。本場（！？）日本でも，最も女性にモテるクルマにランクされているから共通なのかも……。国立公園の駐車場などで必ず見ることができる。

カローラとサニーも多い。カリフォルニアのナンバーを付けたのがグランド・キャニオンなどにいっぱい来ている。フラッグスタッフで見たカローラのテールには，ハッキリ1600のエンブレムが付いていた。ほかにはブルーバード510型のワゴン，新品のマツダ・カペラ，サバンナも数回見た。とにかく日本のクルマは多い。しかし，どこのレストランでも使っているジャパン製のナイフとフォーク，どこのおみやげ店でも売っている日本製の"アメリカのおみやげ"をイヤというほど見たときのアノ複雑な気持が，もし国産車を見たときにも起こったら，もうアメリカへ行く気はしないだろう。

本命は2輪プラスキャンピングカー

レジャーシーズンまっ盛りに見たせいもあるだろう。西部だけでは判断できないだろう。しかし強烈に印象付けられたことは，アメリカっていう所はモーターサイクルとキャンピングカーとボートとヒコーキの国だということだ。クルマは？残念ながらセダンの世界はひとつも心に残らないと言ってもいいほどだ。あって当り前，生活の一部だから空気のようなものなのだろう。

大は全米を網羅したエアラインズの旅客機，小は無数にあるローカルの小さな飛行場にあるセスナやヘリ。このどでかい国は飛行機なくしては成り立たないのだ。

モーターサイクルがまたすごい。日本のホンダ，スズキ，ヤマハ，カワサキがボンボン走っている。ボクらを見付けて「ヘーイ」なんて声をかけながら，自分の2輪車を自慢そうに指さす。ナナハンだ。亭主がヤマハの125，細クンがスズキの90を持っていて，ときどきふたりでトレイルする夫婦とも親しくなった。2輪車はもちろん若い人が圧倒的に多いが，老若男女を問わず使われている。更に，モーターサイクルと自転車は，また必ずと言っていいほどキャンピングカーに結び付いている。クルマの前後に立てて運んでいるのだ。あるいは小型の台車に250 ccクラスを2，3台立てて引っ張って行く。こういう光景はハイウェイでも，山道でも，観光地などはこれらのクルマでひしめいているほど"常識的"なのだ。

バギーも数多く見かけたが，これはウワサほどでもなかった。やはりカリフォルニアが本場だろう。意外だったのは，クラシックカーが誇らしげに走っていたことだ。1917製なんかもピカピカに磨かれていたし，ハーラーズ博物館から抜け出てきたのではないかと思うほど立派なハドソンなども見た。これに引きかえ，フルサイズのニューカーなんかは，ちっとも目だたないから，妙だ。

JAPANESE CAR IN AMERICA

ナナハンはいたる所で走っている

圧倒的に多いフェアレディ240Z

ワイドホイールのセリカも多い

モニュメント・バレーにギャランで来ていたオバチャン

かじりついて米国のポピュラーヴォーカルにのめり込み、やがてはハリウッド作品を片っ端から観るようになった。

ミュージカルの類は、物語そのものはさほど面白くなかったが、銀幕から流れるロジャース／ハマースタインなどの音楽にはすっかり魅了され、それはやがてコール・ポーターやジミー・ヴァン・ヒューゼンあるいはガーシュインなどの曲にも興味を覚え、音楽付（ヴォーカル付）の映画はほとんど見逃さずに観にいったものだ。わたしの趣味がいまもってスタンダード（ジャズ）・ヴォーカル鑑賞であるのはそういった経緯があるからだ。

また、西部劇はなぜか文句なしに好きであった。一級作品はもちろんだが2流3流作品も2本立て3本立てを問わずに観にいったものだ。どの映画の主演男優も頼りがいのありそうないい男でサマになっていたが、西部劇のストーリーはほとんどが勧善懲悪の健康的なものでそれほど興奮するものではなかった。

しかし、スクリーンに展開されるその雄大な景観にわたしはすっかり魅せられていた。とりわけモニュメント・バレーの雄大かつ異様な地形にはえも言われぬ魅力を感じていた。俺はいつかきっとこの大地に立ってみせるぞ、ジョン・フォード監督お気に入りのあの場所に……と大いなる夢を描いていた。

その夢は、米国取材によって意外に速く実現することになった。1972（昭和47）年6月10日夜、わたしは羽田空港を離陸したパンアメリカン航空（当時）の新鋭旅客機ジャンボジェットの機内にいた。話題の大型ジェット旅客機に乗って、しかも生まれて初めての海外旅行であった。

ちなみにジャンボ（ボーイング747）の初飛行は1969年2月で、日本航空が羽田～ハワイ線に就航させたのは1970年7月だから、羽田空港にはわざわざジャンボを見にくる観光客がまだ大勢いたほどだ。当時、成田空港（開港は1978年5月）はまだ完成していなかったから米国行きの国際線も羽田からの出発であった。

明け方に窓の下を見たら朝日に照らされた海岸線がどこまでも長く続いているのが見えた。これが西海岸だな、いよいよアメリカ大陸に来たのだ、そう思うとなぜか身震いがしたものだ。やがて下界には小さく点在している家々と細長い道が縦横に走っているのが見渡せた。機は徐々に高度を下げ間もなくロサンゼルス空港に到着とアナウンスされた頃わたしは窓を通して少し灰色がかった層状の雲をはっきりと確認した。

それはロス市の上空に漂っているスモッグであった。噂には聞いていたものの、なるほどこれはひどいものだと認識を新たにした。日本でも既に光化学スモッグや鉛公害など大気汚染が問題になっていたが、東京の上空も飛行機から見るとこのような層状の雲（スモッグ）が漂っているのだろうかと不安になってきた。

初めてのロス市訪問で最初に迎えてくれたのがクルマによる大気汚染で少々気勢を削がれたが、ロス市を離れたら何のことはないカリフォルニアブルーの空が全天に広がっており、まさにジョン・デンバーの歌の世界がそこにあった。どの観光地に行っても真っ青な空と広大な大地がわれわれを迎えてくれた。アメリカは空も陸もコカコーラもアイスクリームもステーキも、何でもかんでもデカかった。そして観光地はもちろんハイウェイでも田舎町でもメイドインジャパンの小型車が至る所で走り回っていた。

ついでにいえば観光地では日本製のお土産物がたくさんあり、うっかりすると日本製の品物を日本に持って帰るハメになる。その頃の日本はまさに現在の中国あるいは韓国の勢いによく似ていた。

日本製のクルマではとりわけカローラの多いことには驚いた。カローラはこの頃既に輸出累計台数が100万台に迫っていたほどだから当然かもしれない。市街地の信号待ちなどで両隣がカローラだったこともあった。噂に違わずZカー（フェアレディZ）を得意げに乗り回している米国人も随分と見た。なかでも白いボディのセリカにワイドタイヤを履かせてゆっくりと街中を流している若者がやけに印象的であった。自慢の愛車をお披露目しているといった風情で、これがやけにサマになっていた。わたしは失礼ながらレンズを向けて何枚かシャッターを切ったものだ。

■セリカ1600GTVで スパルタンな走りを7年間楽しむ

わたしが米国取材から帰国して3ヵ月ほど経った1972（昭和47）年10月、セリカシリーズに新機種が設定された。「セリカ1600GTV」である。先発のセリカ1600GTは魅力たっぷりなコクピットデザインと豪華な装備そして高性能を兼ね備えたスペシャルティカーで、モータースポーツ活動のためのベース車としても人気があった。しかし本格スポーツ派にとって市販GTの足回りにはやや物足りなさがあり、もっとハードなシャシーが望まれていた。

そんなマニアの熱い視線に応えたのがGTVで、GTより装備面ではやや簡素になったものの〝セリカのなかのセリカ〟として肝心の足回りは走りに徹したもので、テクニシャン待望のスポーツモデルとなった。確か宣伝には「テクニックとマナーが両立していないドライバーには売りません」といった主旨のキャッチコピーがあった。これは却ってスポーツマニアの心をくすぐるもので実にうまい文言だと思った。

わたしもそのキャッチコピーにくすぐられたひとりで、72年11月、愛車カローラ1400クーペSLを下取りに出してセリカ1600GTVを購入してしまった。価格はGTより1万2千円安で86万3千円であった。5段ミッションの適切なシフトワークとアクセルペダルの適正な踏み加減で、長距離走行のときなどはふた桁台の好燃費をマークしたものだ。

GTVでいささかてこずった事は、ソレックス・キャブ（2連装）のバランスが意外に狂いやすいことと、厳冬期の朝の始動がしにくいことであった。購入してから間もなく全国を襲ったオイルクライシスや世界一厳しい排出ガス規制などクルマ社会はめまぐるしく変化したが、わたしはこのスパルタンなクルマの走りがたいへん性にあっていたので、後席の居住性の悪さ（家族には申し訳なく思っていた）を我慢しながらざっと7年間の長きにわたり1600GTVを愛用した。

長く愛用したもうひとつの理由は、1975年も晩秋に近い頃、GTVに搭載されていた2T-G型エンジンが「51年排出ガス規制」をクリアできないので生産が中止されるというニュースを聞いたからだ。

セリカは当時のスポーティカーの中で最も未来志向の魅力的なエクステリアを有していた。GTよりスパルタンなGTVを発売翌11月に早速購入した。ドライビングテクニックの研鑽に励み、ざっと7年間も愛用していた。

当然のことながらセリカ／カリーナのGTとレビン／トレノも同様な運命にさらされたわけである。「DOHC＋ソレックス・キャブ」エンジンを搭載したスポーツモデルはこれをもって終了となるのだ。これは寂しかった。それならばこのGTVを飽きるまで乗り続けよう……そう思ったのだ。

ちなみにDOHC＋ソレックス・キャブ仕様の2T−G型エンジンを搭載したクルマは全てを含めて合計10万3768台生産されたといわれる。残念ながらのちのち登場するセリカは次第にメタボ的な様相を呈し、デザイン的にはその挑戦的意欲を認めるもののバランス的には完璧とはいいがたく、わたしにとってはそれほど魅力的ではなかった。

セリカの良さは2T−G型スポーツエンジンと初代のスタイリング、このふたつのコラボレーションにこそ認められるもので、それはトヨタ車の歴史のなかでもひときわ輝く存在だといまでも確信している。

■広大な大地に繰り広げられる 健康的で壮大なカー＆レジャー

生まれて初めての海外旅行はアメリカ西海岸から中西部にかけての主な観光地を1ヵ月以上にわたって取材する題して「ワイルド＆マイルド・ウエストツアー」であった。いまから40年以上も昔のことだが、ちょうど夏の観光シーズンであったからどの観光地もワゴンやキャンピングカーで大にぎわいであった。

観光地に到着するとわれわれはまずビジターセンターに立ち寄るが、そこもバックパッカーやサイクリストたちで溢れていた。おかげで全米各地から集う米国人のアウトドアライフぶりをたっぷり見せてもらうことができたし、彼らとわずかながらの会話も楽しむことができた。

グランドキャニオンではコロラド川を眼下に見ながらヘリコプターで大渓谷を縫うスリル満点の観光飛行も体験した。ヘリのパイロットはベトナム戦争（1960年代〜1975年4月終結）体験者で、引き揚げ後はこの観光飛行を仕事にしているという。時折ホバリングしながら赤茶けた岸壁の表面に残る先住民の画いた絵の説明をしてくれた。

その上流にあるユタ州のグリーンリバーでは激流の川下りを3日間も体験した。流れの激しさも川の両側に聳える岸壁の高さも日本ではまず味わえないスケールのドでかさであった。夕刻になると川岸にあるわずかな砂地にゴムボートを繋留し、夜はシュラフにもぐり込みながら今にも降り注ぎそうな満天の星空を眺めたが、このときの感動はいまも忘れられない。

中西部カンサス州の大草原では幌馬車隊の3日間ツアーに参加しホースライドも幌馬車の手綱さばきも楽しんだ。参加者は全員19世紀の衣装を身に纏うので、まるで西部劇映画の撮影をしているようであった。夕方になると馬車で円陣を組み、みんなで野外食事を楽しむのだが、この時を狙って周辺の小高い丘からインディアンの一団が幌馬車隊を襲撃するという凝った演出まで用意されていて、カメラマンは喜んでシャッターを切りまくっていた。

モニュメント・バレーでは4輪駆動車を駆って奇岩の間を縫って走り、ナバホ族の住家を訪ね、ジョン・フォード監督お気に入りのビューポイントにも立つことができた。そこから一望できる景観はまるでこの世のものとは思えない奇景であった。遠方に騎兵隊の一団が見えたのは映画のシーンが重なったためか、わたしの夢はここに実現したのである。

コロラド州の山奥にある観光地では4千メートル級の山頂を縫って走るジープツアーでロッキー連山

の雄姿を存分に眺め回した。ジープは12名ほどが座れる観光用の改造車で天蓋のないオープンカー、簡単なベンチシートが3列、シートベルトもしなければしっかりした囲いもない。ジープのドライバーは高校の教師で夏のアルバイトだという。相乗りの客はわいわいがやがや老若男女とも元気一杯だった。天空の絶景を見ながらにぎやかなハイランドトリップが続くのだが、日本では安全性の点からいってもまず許可にはならないツアーであろう。羨ましいかぎりであった。

とにかくアメリカのカー＆レジャーはスケールが大きくかつ内容がきわめて濃く、大自然を相手にどっぷり楽しんでいることが分かった。そしてファミリーでバケーションをとことんエンジョイしている様子も随所で見聞でき羨ましく思ったものだ。日本では危険だからといって何でもすぐに抑制する方向に動くが、アメリカでは「TRAVEL AT OWN RISK」の精神である。キャンピングカーも自走式やトレーラー式など多種多様で、車両後部にはモーターサイクルや自転車をくくり付けて運んでいる。観光地での受け入れ施設が整っているから安心して楽しめる。

もうひとつ旅行中に気が付いたことだが、マイカーで旅する人には〝モーテル〟が便利だ。簡易宿泊施設ではあるがれっきとしたホテルで、わが国のような特殊なイメージは全くない。クルマを横付けにしてドアを開ければ立派なホテルの部屋がそこにある。とにかくアメリカ西部の観光地は大らかで明るく健康的なカー＆レジャーのパラダイスであった。

わたしは帰国してからいろいろ考え込んでしまった。果たしてあの米国的カー＆レジャーは日本でも育つであろうかと。もちろん当時からわが国でもスケールは小さいものの米国流カー＆レジャーは広がりつつあったが、はっきり言って物真似の範囲を脱してはいなかった。あれからざっと40年以上、旅行関係の雑誌は相変わらずたくさんあるが「カー＆レジャー」としてひとつに括ったカーライフ雑誌はほんのわずかでマイナーだ。最近は「車中泊」をテーマにした雑誌が好評だといわれているが、これはいかにも日本的で、こういう料理法ならウケるかもしれない。

わが国で米国流カー＆レジャーが育たない理由を突き詰めていくと、やはり全ては国土の広さの違いに起因するようだ。結論的に言うと国土の狭い日本では日本流カー＆レジャーしか育たないのだ。国土の広さが異なれば様々なインフラ設備も異なってくる。そこに文化の違いが加算されるから、アメリカで流行ったからといって日本に導入しても一向にウケなかったという事例はいくらでもある。

日本車が米国で大量に販売され、それが日本車バッシングにつながった頃、米国は日本に対して盛んに米車を輸入しろと迫った。しかし当時の米国の自動車メーカーは日本向きのクルマを開発することなくアノでかいアメ車をそのまま売ろうとしたのだ。売れるわけがない。日本の国土は狭いし、燃費の悪いアメ車など見向きもされなかった。現在は色々な意味でグローバル化され、文化の差異を押し売りするようなことはなくなってきた。日本の自動車が外国で人気を得たのは相手国の事情にきめ細かく合わせた商品作りをしていたからだ。輸出品はここが肝心である。

■ライバル誌の編集部に移籍。直後にあのオイルショックが到来

わたしは1ヵ月余の米国取材でかなりのカルチャーショックを受けたことは事実だ。カーライフ

に対する物の見方にも変化をきたした。帰国後に義務付けられていた取材レポートは「アメリカ西部で見たカー＆レジャーライフ」と題してグラビア20ページで発表したが、原稿を書き終えた時点でなぜか虚脱感を覚え、その後の編集活動に覇気がなくなってきた。それは編集長との確執にますます深い溝を作る結果となり、担当誌の台割作成にも熱意を失ってきた。人生これから先もう少し方向を変えてみようか、などとガラにもなく真剣に悩んだのである。

そんな頃、わたしと比較的気の合っていた編集次長が突然の辞任を発表、翌日から会社を去ることになった。あとですぐに分かったのだが彼はなんとライバル誌の出版社の役員へスカウトされたのだ。その出版社が発行する自動車雑誌の実売部数はわれわれの月刊誌とほぼ互角のまさに競合誌であった。わたしはこれを最初で最後の機会だと判断して、彼に胸の内を明かして何とかわたしを引き取って貰えまいかと頼み込んだ。

それから数日後、彼から「待遇は当面編集次長でどうか」と打診があった。わたしは即座にOKの返事をした。これであの陰湿な編集長と縁が切れると思うと急に気が軽くなった。よし、心を入れ替えて今度こそ新しい気持ちで頑張ろう！　そう自分に誓いを立てたものだ。季節はすでに秋の気配が濃厚になり時折肌寒い風がビルの谷間を抜けていた。

自動車雑誌の編集部員は新型車の発表会や試乗会などで頻繁に他社の編集部員と顔を合わせているからお互いに顔見知りが多い。ライバル誌に鞍替えしたといっても部員には旧知の人も多かったのでそれほど違和感はなかった。しかも他社の編集部へ鞍替えすることは出版界ではそれほど珍しいことではなく、むしろ自分の立ち位置を有利に導く有効な手段と心得、積極的に〝移籍〟を活用する勇敢な輩もいたほどだ。

移籍後最初に担当させられた巻頭カラー口絵のページも、これまでのわたしの感覚を崩すことなく思い切りスポーティな誌面構成に徹した。要はニューモデル紹介のページなのだが、従来だとこまごまとした広報写真で誌面が構成され静的なイメージが強くなったであろうが、わたしはメーカーの広報から借用したニューモデルを連ねて山岳ダートや山間僻地に繰り出し豪快な走行写真を大きく載せて動的な誌面構成に徹した。

言うまでもなくわたしは率先してハンドルを握りみんなをリードした。写真部員の面々も初めは事細かに指図するわたしを敬遠していたが、そのうち夢中になってシャッターを押し続けてくれた。結局はこれが功を奏して誌面に活力が出て読者からの評判もよかった。実売部数も伸びた。後日、わたしは専務取締役から「キミのおかげで誌面に活気が出てきたよ、大いに刷新してくれ……」といった内容の手紙をいただいた。正直言って嬉しかった。やはり何事も自分を見失ってはならないのだ……と自らに言い聞かせた。

それから1年、1973年11月は例のオイルショックに掻き回され、出版界も先行きが読めない不安で混乱をきたしていた。翌年の1974年東京モーターショーはこのオイルショックで中止に追い込まれたほどだ。国電（国鉄が分割民営化されJRグループになったのは1987年4月）は石油危機のおかげで暖房を止め節電に努めるし、ガソリンは思うように手に入らないし、狂乱物価と便乗値上げが庶民を苦しめた。

自動車雑誌はクルマの販売市場と密接な関係があって、クルマが売れれば雑誌も売れる。不況になれば雑誌も低迷する。したがってオイルショックは自動車雑誌にとって最悪の状況であった。加えて紙

1970年10月に発売されたセリカ1600GTは未来的スタイルと豪華なコクピットデザインが魅力的であったが、本格スポーツ派にとってはもう少しハードなシャシーが望まれていた。そんなマニアに応えたのが1600GTVで、1972年10月に発売された。

排ガス規制やオイルショックなど自動車を取り巻く環境が最悪な頃3代目カローラが誕生した。1974年4月である。型式がKEおよびTE30型系であることから「さんまる」カローラと呼ばれ、それは「のびのび、さんまる」という宣伝広告コピーにも活用され親しまれた。このクラス初のハードトップを新設、76年1月にはリフトバック、77年1月にはクーペも加え、ボディタイプはセダンと共に計4タイプとなった。

3代目カローラになって新設されたハードトップボディ。それまでのカローラクーペは廃止され、このハードトップが目玉商品となった。

3代目カローラにハードトップが新設されると同時にスプリンターにはクーペボディが登場した。スポーティ性を強調したフロントデザインが特徴だ。

と印刷代の高騰が出版社の経営を苦しめた。連日のように部長会議が開かれ対策を協議したが、先行きは真っ暗であった。わたしは自動車雑誌の将来に不安を覚え、本気でこの業界から足を洗おうかと考えたほどだ。

まるで現在の原発事故のように世の中の統制が乱れ将来への不安ばかりが募った。とにかくじっと我慢し耐える以外にすべはなかった。待てば海路の日和あり、果報は寝て待て、塞翁が馬……の心境であった。

■排出ガス対策で苦労した3代目〝さんまる〟カローラ

まるで悪夢のような1973(昭和48)年の暮れであったが、年が明け世の中もいくらか落ち着きはじめた頃わたしは業務命令で本誌の臨時増刊として「カローラ特集」を編集することになった。まるごと1冊全てをカローラの関連記事で構成する臨時増刊号だが、主役は1974年4月にフルモデルチェンジしKEおよびTE30型系に代わった3代目カローラである。30型系から〝さんまる〟カローラという愛称が付けられていた。

カローラの発売時期に合わせて増刊号を発行する手前、トヨタ自販(当時)広報に発表前ひと月以上の事前取材を依頼していたところ、広報担当者はカラー口絵の特撮をトヨタの東富士テストコース内でできるように段取りしてくれた。カメラマンを同行して指定場所に行くと広大なテストコース内の敷地に2台のカローラ30がポツンと置かれていたが、ひとつはカローラハードトップ1600GSL、もう1台はスプリンタークーペ1600GSであった。ハードトップボディは3代目になってから新設されたモデルでいわば目玉商品であった。

撮影しながら新型車の各部をくまなく覗いてみたが、スタイリングはともかく、興味を引いたのは広く余裕を持たせたエンジンルームとフロアパネルのプレス形状であった。エンジンルームは明らかに排出ガス対策用デバイス(装置)を後から搭載するためのスペースをあらかじめ用意していたものだ。フロアパネルの大きな凸型プレス形状もいずれその下に触媒コンバーターを装着するために考慮したものだ。

なにしろこの時期は「50年、51年、53年」と年々厳しさを増す排出ガス規制に対応するためメーカーは不眠不休でエンジン開発をしていたから、先を読んだボディ作りをしておかないと規制に適合したエンジンを換装する際に支障をきたす。現在では有り得ない中途半端なクルマ作りを強いられていたのだ。ちなみに30カローラ1600は1975年10月下旬に「50年度排出ガス規制」をクリアしている。

いずれにしても当時のクルマは排出ガス規制やオイルショック、燃費性能さらには安全性などクルマを取り巻く環境は次第に厳しくなりメーカーもその対応で忙しく、じっくり腰を据えたクルマ作りがで

ソレックスキャブ仕様の2T-G型エンジンは排出ガス規制の都合で1975年秋に生産が打ち切られたが、77年1月に行なわれた3代目カローラのマイナーチェンジを機に電子制御燃料噴射(EFI)仕様2T-GEU型で甦った。最高出力110馬力。

きなかった。排出ガスも単にその浄化だけでなくエンジン出力の低下の問題、燃費や運転性能（ドライバビリティ）の悪化の問題、対策部品の装着による振動や騒音の問題、サービス性、コストアップ等々付随する様々な問題を解決しなければならなかった。

とりわけ排出ガス対策を講じたために起こるドライバビリティの低下は運転する者にすぐ分かるもので、その解決は極めて難しい問題であった。わたしは商売柄各メーカーの様々な対策車に試乗したが、どの車種も応答性が悪く加減速や制動時などのドライバビリティは貧弱なものであった。クリーンで燃費が良くドライバビリティに優れた今日の最新鋭車に乗るとまさに隔世の感がある。

わが国の自動車エンジンの歴史のなかで最大の難関のひとつは1975年から始まった厳しい排出ガス規制であることは間違いない。メーカーの技術者はそれこそ手探りであらゆる可能性を追求し悪戦苦闘を繰り返していた。その結果エンジンの燃焼の解析をはじめとする基礎的な研究および周辺技術が数多く開発され実用化されていった。

そしてこれらの排出ガス対策を通して高度なエンジンテクノロジーが急速に蓄積され、それが今日のように世界をリードするまでに進化したのだ。キャブレターから燃料噴射へ、アナログから電子制御によるドライブバイワイヤーへ、そしてアイドリングストップ技術の進歩とハイブリッドシステムの驚異的な進化は目を見張るばかりである。

■4代目カローラに1800cc車が登場！ セリカから即刻乗り換える

さて、1975〜80（昭和50〜55）年すなわち1970年代後半は洋の東西を問わずビッグニュースが飛び交った。サイゴンが陥落しベトナム戦争が終結したのは1975年4月、山陽新幹線が開業し東京〜博多間が約7時間で結ばれたのは同年3月、佐藤栄作元首相が死去（6月）、ソ連のソユーズ19号とアメリカのアポロ18号が地球周回軌道上で史上初の国際ドッキングに成功（7月）など話題は絶えなかった。

軽自動車業界ではナンバープレートが黄色に定められたり（同年1月）、9月には規格が改定されて全長は3メートルから3.2メートルへ、全幅は1.3メートルから1.4メートルへ、排気量は360ccから550ccへ拡大された。現在の軽自動車（全長3.4メートル、全幅1.48メートル、排気量660cc）へ一歩近付いたのである。

ところで、1979年3月に起こった米国スリーマイル島原子力発電所の放射能漏れ事故は遠隔地だとはいえいやな胸騒ぎがしたものだ。1974年9月の原子力船「むつ」放射線漏れ事故を含めると、東海発電所（日本初の商用原発）が1966年7月に営業開始以来わが国でも十数回の原発事故があちこちで起こっている。今回（2011年3月11日発生の福島第一原発事故）は結果的にチェルノブイリ原発事故（1986年4月）と同等のこれまでにない最大の惨事になったが、以来、世論は専門家も含めて脱（減）原発派と原発推進派とに別れて侃々諤々意見が割れている。

大局的に見れば当然のことながら脱（減）原発の方向へ行くべきである。全島地震国のわが国において所詮原発は不向きなエネルギー源であり、早急に見切りを付けて方向転換を図るべきである。ウランやプルトニウムの核分裂反応を利用することはアンタッチャブルの世界と心得たい。

話を変えよう。1979（昭和54）年3月トヨタのカローラがフルモデルチェンジして4代目になった。当時のカローラは既に国内生産累計700万台弱、輸出累計300万台の実績を誇り、名実共にグローバルカーのポジションを確固たるものにしていた。

この頃はちょうど戦後のベビーブームといわれた世代が三十代を迎える時期で、いわゆるニューファミリー層を形成していたが、彼らは気に入ったものは高くても買うといった本物志向があった。そこで4代目カローラの開発陣は外観も室内も共に高級感が必要だと判断し開発コンセプトを「豪華な高級大衆車」に求めた。

4代目セダンが3代目のそれとは打って変わって外観はまるで上級車をそのまま小型にしたような典型的3ボックスノッチバックスタイルを採用しているのはそのためだ。ボディは他にハードトップ、クーペ、リフトバック、ワゴン(1982年5月に新設定)とフルラインナップで、主力エンジンは1.3リッター4K−U型と新開発1.5リッター3A−U型が投入された。

3代目までの主力を務めていたT型エンジンは消滅(1979年2月で生産打切り)し、代わりに3A−U型が新登場したが、これはターセル/コルサに搭載されていた1A−U型を改良発展させたもので総排気量1452cc、最高出力80馬力、最大トルク11.8kgm、低速から高速までむらなくパワーを発揮する軽量・低燃費の高性能エンジンであった。また排出ガス規制に適合できず生産中止になっていた2T−G型は電子制御燃料噴射の2T−GEU型(1.6リッター)となって「53年排出ガス規制」に適合し、4代目のレビンおよびGTに搭載され目出度く甦った。

ところが4代目デビューの5ヵ月後、1979年8月下旬にカローラ1800シリーズが追加設定されたのだ。正直いってまだ半年も経過しないうちに突如として追加された新機種にわれわれ自動車雑誌編集者もやや戸惑いを感じたものだ。シリーズの頂点のスポーツモデルが1600で、中心は1500と決まっていたカローラの車種構成のなかにいわば上級小型車のパワーユニットが載るなど考えてもいなかったし、クルマの格からいっても1800はカローラに似合わないと決め付けていた。

なぜ1800ccの搭載を急いでいたのか。メーカー側は「ユーザーの上級志向に対応するため」と説明していたが、本当の理由は違う。新開発1.5リッター3A−U型のドライバビリティに自信がなかったのだ。先代(3代目)の後期モデルには1.6リッターの12T−U型搭載の機種があり、この動力性能は余裕があって評判が良かった。4代目はこの12T−U型を廃止し3A−U型に換装したわけだが、営業(自販)サイドがこのドライバビリティの低下を心配して1.8リッター搭載車の設定を自工側へ要望したのだ。

1.8リッターエンジンはT型をベースにストロー

「80年代をリードする高級大衆車」をテーマに開発された4代目カローラは1979年3月に発売された。セダン/ハードトップ/クーペ/リフトバック/ワゴンの5ボディを持ち、主力エンジンは4K−U型1300ccと新開発3A−U型1500ccであったが、79年8月に1800ccシリーズが追加設定された。余裕の動力性能で走りは素晴らしく、筆者は早速この1800ハードトップを買ってしまった。

ク（行程）を延ばし排気量を1770ccに増大した13T−U型といい、既にコロナやカリーナといった上級小型車に搭載されていたものだ。最高出力95馬力、最大トルク15.0kgmと、3A−U型よりひと回り上をいくパワーは当然のことながら余裕ある走りを提供していた。

しかし、新開発3A−U型エンジン搭載車の評判は極めてよくカローラシリーズの国内乗用車販売台数ランキングは2位以下に大差を付けて常に第1位をキープ、それは1983年3月に樹立された生産累計1000万台達成へと繋がったのである。つまり営業サイドの懸念はまったく余計な心配だったのだ。この当時で生産累計1000万台という数値はわが国の単一車名シリーズとしては初めてのことであり、世界的にみてもT型フォード、シボレー、VWビートルに次ぐ快挙で、戦後誕生したクルマのなかではその達成到達期間は最も速いペースであった。

1.5リッター3A−U型エンジンがたいへん好評であったためカローラ1800の発売期間はわずか2年という短い命で終わってしまったが、試乗紹介のため広報車両に乗ってみた印象では「こんな買得なクルマはない」が結論であった。滑らかでかつ俊敏な発進と鋭い加速そして静粛性、渋滞時ののろのろ運転から高速道路での巡航速度まで全ての速度領域でゆとりのある走りを味わうことができた。これはもう間違いなくひとクラス上の上級小型車の乗り味であった。

その頃、走り屋からファミリー派に転向していたわたしはすっかりこの1800が気に入って、7年間乗り続けていたセリカ1600GTVを下取りに出してカローラ1800ハードトップSEを購入した。1979年の暮れに近い頃であった。変速機はもちろん3速オートマチックを選んだ。

踏力の重いGTVのクラッチペダルと手動変速（5速ミッション）操作から解放され運転が楽になったうえ、セリカより明らかに広い後席と乗り心地の良さ、走行中の静かな室内が家族（妻と幼い息子ふたり）に歓迎されホッとしたものだ。やはり乗用車はこうでありたいと痛感した。

第4章

乗用車の高級化と多様化が急伸したバブル絶頂期

高性能4WDギャランVR-4と高級車セルシオがCOTYを獲得

■前輪駆動化した初代FFファミリアが第1回カーオブザイヤーに輝く

1980年代に突入する直前あたりから大衆車および小型車には新しい時代の流れを強く感じる新商品が数多く登場してきた。1978(昭和53)年5月、日産はチェリーの後継モデルである「パルサー」を発表したが、これは2ボックススタイルの4ドアセダンで前輪駆動車(FF)であった。同年8月、トヨタは同社初の前輪駆動方式を採用した大衆車「ターセル&コルサ」を発売したが、これはエンジンを縦置きにレイアウトしたFFであった。

1980年1月、トヨタはカリーナをベースにした4ドアセダン「セリカ・カムリ」を発表した。セリカとカリーナはもともとフロアパネルやシャシーを共用しながらボディスタイルをがらりと変えて性格の異なる商品に仕上げたクルマだが、土台は同じである。したがって車名にセリカの名を冠しているが、ベースとなるシャシーはカリーナと同じで、セリカの正統派セダンという意味合いからセリカ・カムリと命名された。

もっともカムリはカローラの上級車種として位置付けられたクルマであったから当然販売チャンネルはセリカと同じトヨタ・カローラ店で、ゆえに「カリーナ・カムリ」とは命名できなかった。

当然のことながらこの初代カムリの駆動方式はFR(後輪駆動)であったが、2年後の1982年3月には早くもフルモデルチェンジしてFRからFFに切り替えてしまったから、初代カムリは歴代カムリのなかでは最初で最後のFR車となってしまった。このとき同時にセリカの名前から完全に独立分離してカリーナとも縁を切った。

2代目カムリは新開発1.8リッター100馬力エンジンを横置きにする前輪駆動車で4輪ともストラット式独立懸架を採用、全身これ新世代の内容をもつブランニューモデルであった。同時に発表された姉妹車「ビスタ」とともにその広い室内と乗り心地の良さ、正統派セダンらしいカキッとした3ボックススタイルが大変評判よく、口のうるさいモータージャーナリストたちにも高く評価されていた。

1980年6月には東洋工業(現マツダ)がファミリアを3年5ヵ月ぶりにフルモデルチェンジしたが、これも従来の後輪駆動から横置きエンジンによる前輪駆動(マツダ初のFF車)へと大変身し、ハッチバックボディ(2ドア/4ドア)もぐっと洗練された。この5代目ファミリアシリーズは発売と同時に大変な評判で、大衆ハッチバック市場ではシビックやスターレットを抑えてトップに立ち、月間販売台数でもカローラやサニーを一時は抜き去り第1位に輝いたほどだ。

車名別国内乗用車販売台数ランキングを繙くと1981年から83年までの3年間はカローラ、サニーに次いでファミリアが第3位に躍り出ている。1982年は年間の販売台数が19万2千台を記録していたほどだ。ちなみにFFファミリアは1980年の第1回日本カーオブザイヤーを受賞している。

■大衆車から上級小型車まで、続々とFF化された新型車が登場した

1981(昭和56)年10月、日産のサニーがフルモデルチェンジしたが、これも初代のデビュー以来15年半目にしてFRからFFに大変身している。ライバルのカローラよりひと足お先に前輪駆動化したわけだ。エンジンはパルサー系と共用の横置きOHC1.3リッター/1.5リッターが主力だが1.7リッターディーゼルも用意していた。つづいて翌1982年1月にはサニーをベースにした姉妹車ローレルス

ピリットを新発売している。もちろんこれも前輪駆動の4ドアセダンで排気量は1.5リッターであった。

日産のFF攻勢に対抗するように82年3月には前述したとおりトヨタのFRカムリがFFに全面刷新され、さらに1982年5月にはトヨタ初のFF車ターセル／コルサがフルモデルチェンジすると同時に新機種「カローラⅡ」を新発売、FF3姉妹が出揃った形となった。

前輪駆動化された新型車はこれだけではなかった。1982年9月にはマツダのカペラがフルモデルチェンジし横置きエンジンによるFF車に生まれ変わり、翌10月には日産車でいちばん小さなベーシックカー「マーチ」が誕生、新発売された。エンジンは新設計の4気筒1リッターMA10型で、もちろん横置きのFF車であった。

ちなみにマーチはその後丸9年間もモデルチェンジすることなくベーシックカーの寿命を保ち、2代目に変身したのは1992年1月であった。

1983年2月には三菱から新しいコンセプトによる新型車がデビューした。セダンとキャブオーバーワゴンの中間的な多用途車FF「シャリオ」である。5ドアのボディに3列シートを持ちエンジンは1600cc／1800ccを揃えていた。ほかでもない、現在のミニバンの元祖とも言うべきクルマであった。

さらに三菱は上級小型車であるギャランシグマとエテルナシグマを1983年8月にフルモデルチェンジしたが、これも後輪駆動から前輪駆動に変更している。そして当時のベストセラーカー、カローラが遂にFF車となって登場したのが1983年5月であった。5代目カローラだが、誕生以来17年目にして初めて前輪駆動方式を採用したのだ。正確にいえば従来どおりのFR車も同時に戦列に加えるというFF／FR2本立ての作戦をとった。当時トヨタは2本立ての理由を居住空間重視のセダンにはFF車を、スポーツ性重視のクーペにはFR車をといった性格づけのためと説明していたが、穿った見方をすればスポーティな走りにFF機構はまだ耐久性などに問題があり、クーペには実績のあるFRを採用した……と見るのが正解だろう。

■FF車はいいことづくめ、世界市場席捲は自然の成り行きだった

それにしてもこの当時のメーカーは大衆車を含めて小型車のFF化に大変意欲的かつ積極的で、次々とFF新型車を市場に投入した。エンジンを横置きにした前輪駆動、しかもボディ形体は2ボックスハッチバックという欧州車タイプの方程式が乗用車界を席巻したといっていい。

ちなみに前出した車種以外でも日産車ではリベルタビラ、オースター／スタンザ、ブルーバード、三菱ではミラージュ、ホンダではクイント、バラード、プレリュード、アコード、シビック、シティ、スバルではレオーネ、ダイハツではシャレードといったFF車が市場に出回っていた。現在では大型の高級乗用車でもFF方式のクルマはたくさんあるが、その下地をこしらえたのがこの頃の小型車群といっていい。

なぜ前輪駆動方式が世界の潮流となってきたのか。大局的な言い方をすれば、その背景には省資源、省エネルギーという大きな問題がある。1980年代に入ると化石燃料の枯渇問題も地球環境への配慮も真剣に考慮しなければならない情況になってきたからだ。そういった背景からクルマ作りを考えるとまず燃料消費の少ないことが第一条件となる。次に大切なことはクルマの製造に必要な資材（材料）を可能な限り少なくすることである。

1977年に発売された4代目ファミリアまではFR車であったが、80年6月に発売された5代目(写真左)からはFF車に変身、エンジンもファミリア用に新開発された直列4気筒OHCのE型になった。1300ccは74馬力、1500ccは85馬力。優れた総合性能が評価されて第1回日本カーオブザイヤーを受賞した。

昭和50年代はいわゆる2ボックス・ハッチバックの小型大衆車が各社から次々に登場した。しかもそれまでの後輪駆動から前輪駆動(FF)へ切り替わる時期であった。日産サニーも例外ではなく、初代がデビューしてから15年半目にしてやっとFFサニーとなった。5代目のB11型で1981年10月発売だ。それから23年後の2004年10月、サニーは日本国内向けの生産を終了し、38年間にわたる歴史に幕を降ろした。

1982年10月、日産車のなかでは最小の大衆車が誕生した。初代マーチK10型(写真左)だ。2ボックス・ハッチバックのFF車で直線ラインの角ばったボディは決して流麗ではなかったが、MA10型4気筒987cc 57馬力エンジンによる走りは悪くなかった。10年後の1992年1月、丸っこいボディにガラリ変身した2代目マーチ1000／1300(K11型)が新開発エンジンを載せて登場した。CG10型997cc 58馬力とCG13型1274cc 79馬力で、いずれも直列4気筒DOHCの燃料噴射式だ。1300cc車には日産初のCVTも採用した。この2代目は日本と欧州のカーオブザイヤーを同時に受賞するという快挙を成し遂げた。

ニッサン・プレーリーに次ぐ1.5ボックススタイルの多目的乗用車「三菱シャリオ」がデビューしたのは1983年2月だ。3列シートの7人乗りで、3世代家族に対応できる新カテゴリーのクルマとして注目され、84年には2000・4WDも追加された。

「ミラージュ」は仏語で「蜃気楼」あるいは「神秘さ」を表す。三菱がこのクルマを発売したのは1978年3月で、2ボックスのコンパクトで安定感のある台形スタイルがうけた。さらにパワー&エコノミー・レンジが切替えられるスーパーシフトと称する変速機が注目された。1982年には車名をミラージュⅡとし、83年10月には全面変更した2代目ミラージュをリリースした。5年間で総生産台数100万台を突破するヒット車となった。

コンソルテの後継車として1977年11月に発売されたのがダイハツ・シャレードだ。初代G10型は直列3気筒CB型SOHC993cc 55馬力エンジンを横置きに搭載した前輪駆動車で、5ドア／3ドアのハッチバック・ボディで登場した。価格以上の総合性能が評価され当時のモーターファン誌のカーオブザイヤーを受賞した。

燃費を良くするにはエンジンそのものの性能（低燃費性能）を良くしなければならないが、もうひとつは車体を可能なかぎり軽くすることである。これを両立させれば省資源・省エネルギーを成就できることになる。FF方式はそのためにも有効な手段であった。

FR（後輪駆動）は知ってのとおりエンジンを前部に搭載し、変速機を介してプロペラシャフトを後車軸の差動機（ディファレンシャルギア＝デフ）まで伸ばし、後車軸を回転させてタイヤを回すシステムで、これが前部から後部まで縦に配置される。プロペラシャフトは変速機から後ろのデフまで長い距離を結ぶのでかなりの重量になる。

FFの場合ボンネットの下にエンジンと変速機とデフをコンパクトなひとつのパワーユニットにまとめるので長いプロペラシャフトは必要ない。したがってFF車の車両重量はその分軽くなるのである。ただひとつ問題があるとすれば、左右の前輪を駆動（回転）させるシャフトがパワーユニットから等速ジョイントを介して連結されているが、左右の前輪は駆動力を地面に伝えしかも舵取りの仕事も任されることになるので、それだけ負担が大きくなる。

初期のFF車に等速ジョイントのトラブルが多かったこと、あるいはFRの操舵感に馴れ親しんでいるユーザーに違和感を与えていたのは、そういったFF特有のメカニズムからくるものであった。5代目カローラがスポーティ機種にFFを敬遠しFRを採用したのはこうした理由が考えられる。

FRの場合、前輪には操舵のみを任せ、駆動は後輪に任せている。なので操舵フィーリングがよく、大出力でも駆動は後輪が全てを担うから機構的にも無理な点が少ない。すなわち端的にいえばスポーツ走行に向いた駆動方式だといえる。したがって現在でもスポーツカーはもちろん自然な操舵感を大切にする高級乗用車などにはFR車が多い。しかしFR車の車両重量は当然のことながら大きくなり、燃費が悪くなることは避けられない宿命だ。

FF車の利点はまだある。前輪が駆動してクルマを引っ張っていくから直進安定性に優れた特性を持つ。高速走行に適しているともいえる。また積雪路面など滑りやすい道での低速走行ではFRより遥かに安定した走りと踏破能力を有する。雨の日とか雪の日あるいは砂利道などのグラベル状態ではFRよりFFのほうが走破能力は高い。

さらに乗り心地の面でもFFのほうがFRよりメリットが多々ある。それは後輪が駆動関係から一切絶縁された自由の身でいるから懸架装置も比較的簡単に組み込め軽くできる。車重の軽量化に効果があると同時に、バネ下重量が軽くできればそれだけ乗り心地が良くなる。また懸架装置の工夫によって後輪の位置を目一杯後ろにもっていけるうえ、前部のパワーユニットも同様にできるだけ前へ移動させればホイールベース（車軸間距離）が長く確保でき、それは即ち乗り心地の向上と広い室内空間の確保にもつながる。

さらに細かくいえば、プロペラシャフトを通すトンネルが不要となるから室内の床が比較的平らに成型でき、居住性の良さにもつながるのだ。とにかく小型車にとってはいいことづくめのレイアウトになるのがFFといっていい。

FF車は軽量ボディで燃費が良くて製造コストが低く（したがって価格も比較的廉価にできる）、小柄にもかかわらず広い室内と優れた乗り心地と操縦安定性をもつ。つまりFF車は現代の環境に合った競争力の強い商品ということになる。省資源・省エネルギーが強く叫ばれるようになった1980年代に各社から一斉に出揃ったのは当然の結果であり、以後今日までFF車が急速に世界市場を席巻するようになったのは自然の成り行きといえる。

■理想的ファミリーカー、カムリ。いまや世界戦略車に成長

わたしは4代目カローラの1800ハードトップSEに約2年間乗ったあと、同じくハードトップの1600GTに乗り換え、これを約3年間使用していた。この乗り継ぎ方はいま振り返っても定かな理由が見つからない。その時の気紛れであったとしか言いようはないが、多分、燃料噴射式に変身し「53年規制」に適合した2T-GEU型エンジンを存分に味わってみたいと思ったからであろう。

1600GTは申し分のないスポーティなものであったが、もはやこの当時のわたしはすっかり走り屋から足を洗い家庭を愛するファミリー派に変身していたし、マイカーの使用頻度も往時と比較すればめっきり少なくなっていた。したがって1600GTへの愛着もそれほど強いものはなく、家族も満足するいいクルマが登場したらいつでも買い替えようと思っていた。

そんなとき初代カムリ（A40／50型、FR）が全面刷新され、装いも新たにFF車（V10型）として登場してきたのだ。1982年3月であった。自動車雑誌などメディアを対象にした2代目カムリの試乗会が箱根で開催され、わたしの担当誌からは専属試乗レポーターがカメラマンを同行してこれに参加し、速報態勢で原稿を書いてもらった。わたしは入稿する直前に彼の原稿をチェックしたが、その内容はFFカムリがいかに素晴らしいクルマであるかを素直に綴っていた。

わたしは後日改めて広報車両を拝借して乗ってみたが、なるほどレポーターの試乗印象は的を射たものであった。直線的なラインを多用した典型的3ボックスセダンのスタイリングは新鮮で清潔感が感じられ、当時の先端を行く角型2灯式ヘッドランプを配したフロントグリルはいかにもカローラの上級車らしい貫禄を見せていた。そして、とにかく室内が広かった。「FF化によってクラウンより室内が広くなったのでは……」と思ったほどだ。とりわけ後席の居住性は高級車を凌ぐもので、これは大きなセールスポイントであった。

発売当初は新開発の1S-U型100馬力エンジンのみであったが、その動力性能は文句なく、ゼロ発進から高速巡航速度まで俊敏でかつ滑らかな走りであった。走行中の室内は極めて静かで、FF機構の採用によるわずかな異音も侵入してこなかったし、懸念していた操舵フィーリングも違和感はなかった。

1982年8月に1S型の排気量を拡大した2S型2リッター120馬力エンジンを搭載したZXがシリーズに追加設定され、その洗練された走りやパッケージングの素晴らしさは自動車評論家たちのさらなる高い評価を得たものだ。そして1984（昭和59）年6月にはマイナーチェンジが施され顔つきや後ろ姿が若干変更されてより上級車らしさが備わった。当時のカムリはカローラよりホンのひと回り大きいボディであったが、その格調高く高級感溢れるエクステリアと広い室内はマークⅡ姉妹（チェイサー、クレスタ）の次にランクされるハイオーナーカーの資格を十分に備えていた。

マイナーチェンジを受けた2代目カムリには3S-GEU型ツインカムエンジン搭載車も新設されたが、わたしは2S-ELU型搭載の2000ZXがなぜか大変気に入って、なじみのカローラ店に覗きにいった。その店は初代カローラの購入から世話になっている

初代カムリはFR車であったが、2年後の1982年3月に登場した2代目カムリ（写真）はFF方式に刷新されていた。翌年5月に5代目カローラが登場したが、これもFFに変身していた。カローラ初のFFにするか、室内が広いカムリにするか、筆者は選択に迷ったが、結局2S型２リッター120馬力エンジン搭載のカムリ2000ZXをマイカーとして購入した。

販売店で、当初はひらの営業マンであった担当者は既に課長となっていた。

「小田部さん、そろそろ買い替えの時期ですね。今度のカムリはいいですよ」。

お店に顔を出したとたん彼から声がかかった。わたしの家族４人がゆったり座れて静かで落ち着いたクルマに買い替えようと心に決めていた矢先だから、カムリの購入を決断するのに時間はかからなかった。2代目カムリ4ドアセダン2000ZX4速OD付オートマチックの白いボディがわが家の車庫に納められたのはそれから間もなくであった。

ちなみに購入当初の2000ZXの主要諸元は、全長4435ミリ、全幅1690ミリ、ホイールベース2600ミリ、車両重量1070kg、乗車定員５名、最高出力120馬力、最大トルク17.6kgm、定地走行燃費（当時）21.0km/ℓ、価格は183.4万円であった。

ところで「カムリ」という名前は「冠」（かんむり）からきた造語である。トヨタに「冠」を付けた車種はクラウン（王冠）とカローラ（花冠）が有名だが、カムリもその流れをくんだ命名で、これはいかにトヨタがカムリに期待をよせていたかの証だ。しかし、国内におけるカムリの販売実績は思いのほか伸びず人気もいまいちであった。それは多分にマークⅡ（現在のマークX）がカムリの国内市場を邪魔していたと思われる。

その代わりというわけではないが、カムリは北米市場で大変な人気車種となり、米乗用車の販売ランキングでは2010年まで９年間連続で首位をキープしていたベストセラーカーであった。

いまカムリは米国のほか豪州、中国、ロシア、タイ、台湾、ベトナムなどで生産されており、その販売先は約100カ国にのぼっている。2011年の10月から新型カムリ（9代目）が北米で発売されているが、北米トヨタではこの2012年モデルで年間36万台の販売を目指している。さらに米国生産車両の北米現地調達率を92%にする予定だという。これは製造原価に対する為替変動の影響を抑制するためだ。つまり早い話、北米向けカムリはほぼ全量を米国工場で生産することになる。まさにトヨタグループの世界戦略車である。

カムリは全世界ですでに累計1000万台以上を販売しているトヨタのベストセラーカーだが、日本国内に目を向けると、カムリの国内生産については2012年末までに約１万２千台と縮小の一途を辿る事になっている。北米における新型9代目カムリは直列4気筒2.5リッターとＶ型6気筒3.5リッターそして2.5リッターハイブリッドの3種のエンジンを用意しているが、国内は2.5リッターハイブリッドのみである。低燃費を追求したカムリに焦点を絞っているからだ。ちなみにこのクルマのJC08モード燃費は23.4km/ℓだから、かなりの低燃費車である。

ところで9代目カムリの車体寸法は全長4825ミリ、全幅1825ミリ、全高1470ミリ、ホイールベース2775ミリだが、これはまさにクラウンやマークXと互角の大きさである。米国で人気を得るにはこの程度の車体寸法に成長していないとだめなのであろう。かつて2代目カムリを愛用していた者から見るとまるで別ものといっていい。

わが国では一向に振り向かれなかった地味なクルマであったがアメリカではベストセラーカーのポジションを得ている。いや、世界戦略車にまで成長している。これは、日本の消費者には見る目がなかったのか、本当にいいクルマとは何かを見極める力が足りなかったのか、いずれにしてもカムリには色々と考えさせられるものがあるようだ。

■深夜の雪道でFFの走破能力を発揮した 2代目カムリ

わたしは1984（昭和59）年半ばにマイナーチェンジした2代目カムリ2000ZXを購入したが、マイカー生活でFF車を手にしたのはこれが初めてであった。仕事によるFF車の試乗は数えきれないが、愛車として日常使用していると試乗時では得られない側面をみることができる。たとえばFF車の走破能力はFR車のそれより高いというが、これを冬の東京で実体験したことがあり、なるほどと納得したものだ。

担当の月刊誌の「出張校正」は毎月下旬にあり、校正期間が始まると午後には自宅から直行あるいは会社から印刷所に向かい、印刷所の構内の駐車場に

前輪駆動（FF）化の波は大衆車の世界から2リッター級のセダンにまで及び、中でもカムリは自動車雑誌の評価も高かった。流行に逆らわず早速2代目カムリを購入した。

愛車を停める。校正が始まると延々深夜あるいは明け方まで校正室に缶詰となるから外の様子がよく分からない。これが3日間ほど続くのだが、ある冬の日の深夜、その日の校正が終わってドアを開けてみると一面の銀世界、それもかなりの積雪でチェーンを装着しないととてもじゃないがクルマは走らない。電車もなければタクシーもない。さあ、困った。音もなく静まりかえった白い世界は不気味であった。編集部員の中には諦めて校正室に泊まるものもいたが、わたしは思い切って帰宅することにした。

深夜といっても明け方に近いから交通量はほとんどない。通い慣れた一般道がやけに幅広く感じたものだ。アクセルとハンドル操作を慎重に行なうことによって深夜の雪道をゆっくり確実に走破していった。幅員の広い幹線道路ではまたとない機会だと心得、急発進や急制動さらには急旋回を試み普段では体感できない低ミュー路（摩擦の小さい滑りやすい路）におけるクルマの挙動を確かめたりした。

とりわけ心強かった点は、転舵したときでもFFは前輪が駆動するからクルマを転舵方向へ進めてくれることだ。FRだと後輪駆動だから前輪タイヤが滑って思い通りには方向転換できない。加えて、ア

クセルを踏み込み後輪にトルクを与えるとお尻を左右どちらかに振ってしまう。この点が大きく異なった。そして印刷所からわが家まで25kmほどの行程をノーマルタイヤで無事に帰宅することができた。時計の針は午前4時半を過ぎていた。恐らくこれまでのFR車であったらどこかでスタックしていたに違いない。FR車の雪道における能力を知っていただけにFF車の走破力には改めて感嘆したのであった。

■バブル絶頂期、クルマは売れ、自動車雑誌も多種多様、部数を伸ばす

わたしが月刊誌を任せられたときは時期が良かったと思う。昭和60年代から平成初期まで続いたいわゆるバブル景気で未曾有の好況期に当たっていたからだ。史上空前の好景気に自動車市場における新規購入や買い替え需要がかつてなく活発になり、国内の自動車販売は右肩上がりの急上昇を示した。

4輪車全体の販売実績は1985年に556万台（うち乗用車310万台＝56%）であったが、バブル経済が頂点に達した1990（平成2）年には778万台（うち乗用車510万台＝66%）となり、国内販売が過去最高の数字を記録した。4輪車全体の生産台数は1985年が1227万台を記録、1990年にはこれまでにない1349万台の記録を樹立している。

ここで注目すべき点は乗用車販売比率の上昇で、1980年代は54〜56%であったものが1990年には66%に上昇、台数も200万台増となり、これは市場構成が先進国型に近付いた証拠であった。たとえば1990年のアメリカにおける乗用車販売比率は65･5%であったから、ほぼ日本は同レベルにあったといえる。

4輪車全体の生産台数で1000万台を突破し、アメリカ（801万台）を抜いて初めて日本が世界一になったのは1980年であったが、その後も円高ショックの障壁はあったもののわが国の自動車産業は成長を続け、1990年にはアメリカの生産台数978万台に対してわが国のそれは1349万台を記録、この近年では日米両国の生産台数の差が最も大きい時期になった。

乗用車の生産に限ってみても1987年にはわが国の789万台に対して米国は710万台にすぎず、この時点で完全に米国を抜き名実共に自動車王国となっていた。

国内の自動車販売に活気が付くと自動車雑誌の売行きも上昇するものである。当然のことながらこれは紛れもない事実で、両者には密接な関係がある。わたしが担当した雑誌は特に購入ガイドに定評のあった雑誌なので実売部数は毎月右肩上がりであった。昨今のクルマ雑誌は数万（3〜5万）部売れればトップクラスだといわれているが、わたしの時代は実売20万部前後は堅かった。実売でこれくらいだといわゆる公称部数は100万部と豪語できた。わたしの担当誌はB5判の平綴じで数百ページもある通称〝電話帳〟といわれたほど分厚い月刊誌であったが、当時は既に中綴じ週刊誌タイプのライバル誌も数多く書店に並び、これらは平綴じ雑誌より部数では上をいっていたと思う。

■高級化と多様化の時代が到来。エスティマが本格ミニバン形式を確立

昭和60年代から平成初期にかけて国内メーカー各社は数多くの新型車を市場投入したが、なかでも伸長著しかったのは小型乗用車であった。トヨタ・カリーナED、日産セフィーロ、日産プリメーラ、マツダ・ペルソナ、ユーノス・ロードスター、スバルのアルシオーネなどが話題を賑わしたが、一方上

級車ではホンダのレジェンド、日産のセドリック／グロリア・シーマ、日産のインフィニティQ45、トヨタのセルシオ、三菱のディアマンテなどが注目された。

シーマ（1988年1月発売）は従来の枠にとらわれない新コンセプトのもとに誕生したビッグサルーンで、V型6気筒3リッターターボエンジンによる動力性能の高さとスタイリッシュな外観が好評であった。しかもタイミングよくバブル景気真っ只中でのデビューも相乗して「シーマ現象」と言われるほどのヒット商品となった。いよいよ日本にも高級車時代が到来したのだと実感した。

またトヨタからはシーマに対抗するようにセルシオが新発売（1989年10月）された。発売間もなく受注残が1万台を超え、地域によっては1年待ちのユーザーが出るほどの人気車となった。セルシオは既にひと足お先に北米で販売されていたレクサスLS400の国内仕様車であったが、全身これ全てが新しく設計された4ドアセダンで、とりわけ4リッターV型8気筒エンジンの精緻な造りと静粛性そして優れた動力性能は世界的に見ても一級品であった。

シーマもセルシオもトップグレードの価格は500万円（当時）を超えていたが、なぜこれらの高級車に人気が集まったのか。それは、当時の自動車ユーザーはバブル景気による消費意欲もさることながら高級車志向あるいは上級車志向がたいへん強く、乗用車に対して高機能・多機能化を求めていたという背景があった。

さらに、これまでの国産車では飽き足らず輸入車を凌ぐ高級高性能なクルマを望むユーザー層も好景気を背景にこれまでになく台頭してきたのだ。さらに1989年4月から高率の物品税が廃止され消費税に切り替わったことによる割安感が高級車購入に拍車をかけたのだ。ちなみに当時の3ナンバー車の場合、物品税は23%であったが消費税だと6%（暫定税率）で済んだのだ。

また1989年の自動車税の改正で2001cc以上のクルマにかかる自動車税が大幅に軽減されたことも高級車市場の活性化に結びついた。制度改正によって販売環境が好転したといえよう。

さて自動車の高級化・多様化が進むなかでもうひとつ顕著な現象がみられたのもこの時期の特徴であろう。それはリクリエーショナル・ビークルすなわちRV車の需要が増大してきたことである。日本自動車工業会のデータによると1987年には34万台ほどであったRV車の販売台数は1990年になると73万台と2倍以上になっている。余暇を重視するユーザー層が顕著になってきた証拠である。レジャーあるいはアウトドア向きのクルマにユーザーの目が向いてきたのだ。

日産テラノ、トヨタハイラックスサーフ、トヨタスプリンターカリブ、スズキ・エスクード、日産プレーリー、いすゞミュー、マツダMPV、ダイハツ・ロッキー等々バラエティに富む個性的なクルマが市場を賑わしていた。

またワンボックスワゴンは各社から数多く市販されていたが、当時はまだエンジンが運転席と助手席の間の床下に設置されているキャブオーバータイプが全盛で、運転席に乗り込むには前輪の上に位置する前ドアを開けなければならなかった。このパッケージングを打破した画期的なクルマが1990年5月に発売されたトヨタの初代エスティマであった。当時の謳い文句を借りると「ワンボックスワゴンをさらに発展させスポーティカーの走りを融合させた新しい性格の乗用車」となる。

エスティマは新開発の4気筒2.4リッターエンジ

米国で先行デビューしていたマツダ・ミアータMX−5が「ユーノス・ロードスター」の名で日本国内でも発売された。1989年7月だ。2座席ライトウェイト・スポーツカーで4輪独立懸架のFR車。B6−ZE型直列4気筒DOHC 1597cc 120馬力エンジンを搭載し、変速機は5速MTのみ。当時新設された販売網「ユーノス」から発売された。

昭和末期から平成初期にかけてのバブル景気はユーザーの高級車志向をもグンと高めた。そのタイミングを計ったかのように日産セドリック／グロリア・シーマが登場した。1988年1月だ。5ナンバー車の寸法枠にとらわれず全長4890ミリ、全幅1770ミリというビッグボディ。4ドアハードトップのみでエンジンはVG30DE型2960cc V6 DOHC24バルブ200馬力と同セラミックターボ付VG30DET型255馬力の2種類。

外観およびインパネに独創的かつ流麗な意匠を施した本格的ミニバンが登場した。1990年5月に発売のトヨタ・エスティマだ。3ナンバーボディで、左側にスライドドア備える4ドア3列シートの7人乗り。エンジンを前席下ミッドシップにマウントし、しかも75度横に傾け、平らな床面を得ている。新開発2TZ−FE型直4DOHC 2400cc 135馬力エンジンを搭載したFR車。2代目(2000年1月発売)からFF方式になった。

ンを、横に75度傾けて車体中央の床下に収めるというミッドシップマウントを採用したのだ。そのため前席から3列シートまで床面はフラットになり、重心がボディ中央に位置するので操縦安定性が良くなった。また前ドアは前輪をかわして後ろ側に設定されたので乗降性が著しく改善された。非常にスタイリッシュなエクステリアと未来感覚の立体的なインパネデザインがこれまでにない新鮮なもので、たちまち人気車となった。

このエスティマが以後の〝ミニバン〟のスタイルとパッケージングに多大な影響を与え今日の3列シート／スライドドアのミニバン全盛時代を築いたといえる。

なお初代エスティマは後輪駆動であったが現在ではエスティマを含めほとんどのミニバンはFF（フロントエンジン・フロントドライブ）になり、キャブオーバータイプのワンボックスカーは主として商用車で活躍している。

■先進技術の塊でギャランVR-4が 1987年の日本カーオブザイヤーに

また、高級化志向と共に高機能・多機能化を求めつつあったユーザーはDOHCやターボといった高性能エンジン搭載車をはじめ、高機能車として4WD仕様の乗用車も視野に入れるようになった。乗用車の4WD化で注目を浴びたのは1987年9月発売の8代目日産ブルーバード（U12型）である。「アテーサ」と名付けられた新4WDシステムが初めて採用されたのだ。メカニカル式センターデフを持つフルタイム4WDで、シリーズにはラリー参戦用のベース車両として「SSS-R」も設定された。これは専用にチューンされたターボエンジンとラリー用に強化されたボディをもつモデルで、1988年の全日本ラリー選手権で見事ドライバーズチャンピオンを獲得している。

さらに1987年10月には三菱から新しい4WDシステムを組み込んだスポーツセダンが登場した。フルモデルチェンジして6代目に生まれ変わったギャランシリーズである。なかでも2000DOHCターボVR-4（発売は同年12月）は当時の三菱技術の粋を結集した高性能車で、VCU付センターデフ方式フルタイム4WDシステムと4WS＋4輪ABSを搭載したいわばギャランのイメージリーダー車であった。

新4WDシステムはセンターデフ差動制限用として粘性カップリング（VCU＝ビスカスカップリング）を初めて組み込んだシステムだが、これ以降は各社も競ってこのVCUを使ったフルタイム4WD方式を乗用車の各モデルに展開したものだ。また4WSは前輪の操舵に応動して後輪を同位相にステアさせる三菱独自の全油圧式4輪操舵技術で、日本のメーカーが欧州メーカーに先駆けて採用したとして注目を浴びた技術だ。

ちなみにギャラン2000DOHCターボVR-4をトップに据えたギャランシリーズはこのとしの'87〜'88第8回日本カーオブザイヤーを受賞し、さらに88年4月から販売を開始したアメリカにおいても'89インポートカーオブザイヤーを受賞するという栄誉に輝いた。

以前から存在していたメカニカル（機械的）な4WDシステムに代わってVCUを採用した4WDがこの頃から急速に普及しはじめ、それは軽乗用車の世界にまで拡がっていった。VCUは粘性流体（主にシリコン）の剪断力を利用して動力伝達を行なう粘性流体継手のことだが、当時わたしが担当していた月刊誌ではこのいわば時代の寵児を大きく取り上げ特集を組んだものだ。また、ギャランVR-4は

ブルーバードは7代目のU11型から前輪駆動方式に変身し、1987年9月発売の8代目では「アテーサ」と名付けられたセンターデフ式フルタイム4WDシステムを初めて採用した。エンジンは当初先代と同じCA型を搭載していたが、89年10月のマイナーチェンジでSR型に換装され、スポーティ仕様車SSSアテーサのSR20DET型ターボ仕様は205馬力と強力であった。

Σ(シグマ)のサブネームを外した6代目ギャランが1987年10月に登場した。最強モデルの2.0 DOHCターボVR−4はインタークーラー付でフルタイム4WDを採用した高性能スポーツセダンだ。直列4気筒4G63型ターボエンジンは1997ccで205馬力、4WDと4WS(4輪操舵)を組合せた先進機構も備え、総合力でこの年の日本カーオブザイヤーに選ばれた。

量産車で世界初の3ローター・シーケンシャル・ツインターボを搭載したのがマツダのユーノス・コスモだ。3ナンバー専用ボディのスペシャルティカーで、超豪華超高性能と表現しても過言ではない出来だった。1990年4月の登場だ。3ローターのロータリーエンジンは20B型(写真上)といって最高出力280馬力。世界で初めてGPSを利用したカーナビを採用して注目された。発売当初の価格は530万円。

4WDの他に4輪操舵など先進技術の固まりであったから自動車雑誌にとっては格好の取材対象となり様々なかたちで多くの雑誌に取り上げられた。

ギャランVR−4のポテンシャルの高さを思い知らされたのはサーキットで開催された試乗会のときであった。この試乗会はわれわれ日本カーオブザイヤーの実行委員および選考委員に思う存分VR−4の走行性能を試し評価してもらおうという三菱自工広報の企画であった。

当時の実行委員は主に自動車雑誌の編集長で構成されており、選考委員は各媒体(すなわち編集長)が選んだ自動車評論家やモータージャーナリストから成っていたが、中には現役レーシングドライバーやラリーストあるいはモータースポーツで活躍した経験のある自称評論家もかなりいた。したがってサーキットにおける試乗会などは彼らにとって最も得意とするフィールドであり、VR−4の本性がたちまち解明されるのは明白であった。が、結果は、めでたく日本カーオブザイヤーを受賞するに至ったわけで、いかにVR−4が彼らのシビアなテストにも見事応えたかを証明したわけである。

自慢話というわけではないが、このサーキットにおける試乗会でわたしはレーシングドライバー出身の自動車評論家と追いつ追われつの大接戦を演じ、試乗を終えてドライバーズサロンに戻ったらそこにたむろしていた仲間たちに「小田部さんもなかなかやるじゃないですか……」と冷やかされてしまった。わたしもいざ走り出すと年がいもなく熱くなるほうで、前方にクルマがいるとすぐ抜きたくなる。悪い癖であった。

それにしても、わたしがその評論家に追走できるほどVR−4の操縦安定性が優れていたという事実は明らかであった。そして……後日行なわれたイヤーカー投票日に、わたしは躊躇することなくギャランVR−4に最高得点を入れた。

■幕張で開催のモーターショーに ディアマンテとユーノス・コスモが登場

1989(昭和64)年は1月早々から大変なニュースが飛び込んできた。昭和天皇が崩御されたのだ。当時の小渕恵三官房長官が記者会見で新しい元号「平成」を発表するテレビ画面には多くの人が釘づけにされたものだ。そして皇太子明仁親王が即位されたわけだが、われわれは遂に昭和の時代が終わったのかと感慨もひとしおであった。

実はわたしの父は生年月日が昭和天皇と全く同じで、したがって誕生日は4月29日であった。その日がまだ「天皇誕生日」(現在は「昭和の日」)と呼ばれているとき家族で誕生祝いをすると「おれは天皇より数時間早く生まれたから天皇の兄貴だよ」などと冗談を言っていた。残念ながら昭和天皇より半年ほど早く1988年6月にこの世を去ってしまったが、頑固一徹、亭主関白を貫くまさに明治の人間そのものであった。

しかし、わたしの母が1979年6月に68歳で亡くなったときの父は大変な落ち込みようで、悲しみをじっとこらえている様は見るに堪えなかった。明治生まれの厳格な父が家族に見せた初めての涙であった。

わたしの父は帝大卒業後銀行に勤めたが本人は「本当は医者になりたかった」らしい。わたしの祖父が医者だったから後を継ぎたかったのであろうが、わたしの母(母の父親も医者であった)に言わせると「あんなに忙しい思いはさせたくない。家族がたまらないわ、銀行員でよかった……」という。父は何箇所か支店長を勤めたあと製造業の会社に役員として出向し労使問題で苦労していたことをわたしは記憶している。結局、専務取締役として何年かその会社に尽力していたが70歳直前でリタイアし隠居生活に入った。

父の老後の趣味は庭いじりとテレビの野球観戦（大の巨人ファンだった）のほかに、とにかく風光明媚な山岳地帯を走るのが大好きで、休日になるとわたしのクルマの助手席に座って地図を広げながらわたしにルートを指図したものだ。父は学生時代を含め若い頃は山登りが趣味と聞いていた。そのせいか林道まがいの険しい道も頓着なくわたしにクルマを走らせ、目的地を目指して走った。

わたしもウデの見せ所と心得、父の要求には逆らわず懸命にハンドルを握ったものだ。おかげで悪路走行にはだいぶ慣れたが、クルマの方はさぞかし辛かったであろう。今日のようにカーナビがあれば父は自分で目的地を設定してわたしをけしかけていたに違いないが、たぶん液晶画面の地図には表示されない道ばかりであったかもしれない。

ところで、1989年の秋に開催された第28回東京モーターショーはこれまでの晴海（東京）会場から千葉県幕張のコンベンションセンター（常設国際見本市会場）に移された。われわれ取材する立場としては晴海が近くて便利であったが、ショーへの来場者が毎回120万人を超え、しかも国際化による海外からの出展が増加し、晴海会場のスペースではもはや対処できなくなってきた。狭いうえに老朽化や設備の陳腐化、さらには駐車場の問題などもあり、環境・規模の両面から国際的スケールを有する幕張メッセに会場を移転したわけである。まさにバブル経済絶頂期にふさわしい舞台ではあった。

当初は、会場が遠くなったことで来場者の数に影響が出るのではないかと懸念されたが、終わってみればそれまで過去最高であった第16回の152万人を大幅に上回る192万4200人を記録していた。会場には欧米の高級車に見劣しない堂々たる国産車が顔をそろえていたのもショーを盛り上げていた。10月発売直後のトヨタ・セルシオと日産インフィニティQ45は両社の頂点に位置する高級車であった。

セルシオは当時既に北米で販売されていたレクサスLS400の国内仕様であり、インフィニティQ45は日米同時発表で主戦場はアメリカであった。いずれもエンジンは新開発のV型8気筒DOHC32バルブでセルシオは4リッター、インフィニティQ45は4.5リッターであった。

さらに会場で注目されたのは翌年発売予定として参考出品されていた三菱ディアマンテ（1990年5月発売）とマツダのユーノス・コスモ（1990年3月発売）であった。ディアマンテは三菱初の3ナンバー専用車でエンジンはV型6気筒を横置きに搭載したFF車、フルタイム4WD車もラインナップされた。1990年5月の正式発表後に自動車専門誌編集長と自動車評論家を対象にした試乗会が米国カリフォルニア州サンジェゴを起点に開催されわたしも招待されてフリーウェイを思う存分走り回った。

ユーノス・コスモはマツダからユーノスへとブランドを変えて8年半ぶりに刷新されたニューモデルで、3ナンバー枠専用のスペシャルティカーであった。2ドア4シーターのハードトップクーペボディの前部にはマツダ初の単室容量654cc×3ローターの新20B型ロータリーエンジンが納まっていた。シーケンシャルツインターボの過給により最高出力は280馬力、最大トルクは41.0kgmを発生していた。

後日広報車両を拝借し試乗したときの印象では、当時の国産車のなかではまぎれもなく最強のパワーユニットで、そのゼロ発進加速は比類のないロケットスタートをものにしていた。最上級車には初の衛星航法を利用したカーナビシステム（CCS）が搭載されていたが、当時のGPSはまだ精度に乏しく、多摩川沿いの道を試乗走行中カーナビの画面に表示された車両の位置は多摩川のど真ん中を走っていたのがご愛敬であった。しかし新システムに果敢なる挑戦をし車両に採用したことはそれ自体高く評価すべきことであった。

■幕張で初披露された本格スポーツカー、ホンダNSXと軽スズキ・カプチーノ

初めて幕張で開催された第28回モーターショーでは未曾有の好景気を反映してか国産高級車と共にスポーツモデルの参考出品車も多く、来場者の目を大いに楽しませてくれた。300km/hの壁に挑戦したトヨタ4500GTや生産モデルに近いハイテク車HSX（三菱）、オールアルミボディのNSX（ホンダ）、軽自動車スポーツカーのカプチーノ（スズキ）やAZ500スポーツ（マツダ）など夢のあるクルマにはたくさんの人が群がった。

NSXは翌1990年9月に正式発表され同月から新発売されたが、全てが新しいミッドシップ2シーターの本格的スポーツカーで、価格は当初800万円を若干超えていた。新開発V型6気筒DOHC24バルブ3リッター280馬力エンジンをミッドシップに横向きに搭載し、当然のことながら駆動は後輪であった。変速機は5段マニュアルまたは電子制御4速ATで、懸架方式は前後ともダブルウィッシュボーン／コイルの4輪独立式、ボディはオールアルミ製モノコックを採用して大幅な軽量化が図られていた。

NSXはモータースポーツの世界でも大活躍していたが、残念ながら2005年12月で生産終了となり現在は市販されていない。バブル絶頂期の大いなるシンボル的存在であったが、経済の衰退に伴いスペシャルティカーの市場も次第に縮小され、さすがのNSXも撤退せざるを得なくなったのである。

いまホンダはNSXに代わる新世代スポーツカーを鋭意開発中と聞いている。いつ、どんな姿でデビューするのか、楽しみである。

スズキのカプチーノは1991年10月に正式発表され11月から発売された。本格2座席スポーツカーの要素を十分に備えた軽乗用車で、もちろん車体寸法などは全て当時の軽の枠内に納まっていた。フロントエンジン／リアドライブのFR方式を採用し、しかもエンジンはフロントアクスルの後方へ縦置きされるという凝りようであった。つまりドライブトレインのレイアウトはまさにスポーツカーそのものであった。660ccのエンジンは3気筒DOHC12バルブのインタークーラー付ターボで64馬力、変速機は5段マニュアルのみ、足回りは前後ともダブルウィッシュボーン／コイルの4輪独立懸架を採用していた。

カプチーノのルーフは普通の幌ではなく普段はハードトップ状態だが、ルーフパネルは3分割式というこれも凝ったもので、左右2枚を外せばTバールーフになり、中央部を外せばタルガトップ風に、リアウィンドウを収納すればフルオープンが楽しめるのだ。いささか凝りすぎのきらいはあったが車両重量は意外にも700kgに収まっていた。スタイルはいいし、全てに本格的な作りなので、いまだに手放すことなく大切に乗り続けている人が多いと聞く。いま新発売しても飛び付くユーザーはたくさんいるはずだ。

実はわたしの甥もいい年をしながら休日にはカプチーノでオープンエアモータリングを満喫しているという。わたしも当時広報車両を拝借して一日中試乗したことがあるが、ボディ強度がいまいちであっ

ホンダから全く新しいミッドシップ2座席の本格スポーツカーNSXが市販されたのは1990年9月だ。搭載されたC30A型エンジンは90度V型6気筒DOHC24バルブ2977ccで280馬力、ボディはオールアルミ製モノコックで車両重量は1350kgに抑えられていた。残念ながら2007年に生産は中止されたが、2015年から再び米国で、今度は「ハイブリッド・スポーツカー」として甦ると言われている。

1991年10月、スズキはフロントエンジン／後輪駆動の本格的FRスポーツカーを発売した。2座席の軽乗用車カプチーノだ。しかもハードトップ、Tバールーフ、タルガトップ、フルオープンの4通り楽しめる優れもの。エンジンは当時のアルトワークスと同じ3気筒DOHC 12バルブ660ccインタークーラー付ターボのF6A型64馬力、変速機は5速MT。この年は5月にホンダからビートという軽スポーツカーも出ている。

1989年は軽から高級車まで多士済々ニューモデルの当たり年であったが、やはりこのクルマの登場が最も印象深かった。10月発売のトヨタ・セルシオだ。既に北米で売られていたレクサスLS400の国内仕様だが、1UZ−FE型4000cc V型8気筒DOHC 32バルブ260馬力の動力性能と至れり尽くせりの先進技術による走りは想像を超えるもので、この年の日本カーオブザイヤー受賞は当然の結果だと思った。

たほかは実に爽快で愉快なクルマであった。もっと改良と熟成を図りながら育てていればさぞかし素晴らしい軽スポーツカーに成長していたと思うと残念で仕方がない。1998年10月に市場から撤退したが、丸7年間の発売期間は当時の軽オープンカーとしては寿命の長いほうであった。

■精緻な造りと高い潜在力を秘めた トヨタ・セルシオをアウトバーンで試す

ところで1989（平成元）年に登場した大物新型車といえばいうまでもなくトヨタのセルシオだ。モーターショー開催直前の10月に発表発売された。無駄のないというかスキのないデザインは堂々たる高級感を漂わせ、この時点で国産乗用車の最高峰を自他共に認める存在となっていた。

その素晴らしさを日本のモータージャーナリストたちになんとか体感してもらおうとトヨタ広報はセルシオの試乗会をドイツで開催したのだ。あれは1989年の秋だったと思うが、われわれ自動車雑誌の編集長と名だたる自動車評論家をざっと70名ほどその試乗会に招待したのだ。本当の狙いは日本カーオブザイヤーの実行委員と選考委員を海外試乗会に呼んでこの年の「日本カーオブザイヤー」を獲得する為の作戦であった。なにしろこの年はフルモデルチェンジして8代目に生まれ変わったスカイラインがイヤー賞の本命と目されていたからだ。

それはともかく、おかげでわたしはアウトバーンにおいてセルシオの潜在能力を思う存分味わうことができた。トヨタはわざわざ比較の対象車として同クラスのメルセデスベンツまで用意するという周到さであった。わたしはまたとない機会ととらえ両車を何回もアウトバーンで乗り比べたが、結論はやはりセルシオに軍配が上がった。動力性能、静粛性、乗り心地、ハンドリングどれをとってもセルシオには先進的な味わいと進化が感じられ高い評価を与えるに十分な内容があった。

アウトバーンを走行中、後ろから接近してきたアウディが車種を確認したいのか並走したり前方へ回り込んだりセルシオの周辺をうるさく付きまといはじめた。アウディの運転者は中年の紳士と見受けた。わたしは徐々に速度を上げて引き離そうとしたがアウディも負けじとついてくる。そこでわたしは思い切ってアクセルをぐんと踏み込み速度計の針をぐんぐん上げていった。驚いたことにアウディの紳士は180km/hまで追尾してきたのだ。わたしはどうせなら最高速度まで試してみようかとさらにアクセルを踏んでみた。速度計の針はもう既に200km/hを超えていた。さすがにアウディの中年紳士はここまで追走してこなかった。

わたしは前方を注視しながらしばらく200km/h超の世界を楽しんでしまったが、セルシオの高速域での静粛性と安定感そして余力を残した動力性能には脱帽であった。後にも先にも体験できないアウトバーンでの貴重な試乗であった。

その夜フランクフルトのホテルのバーラウンジでワインを傾けながら聞いた弾き語りの歌にアウトバーンでの出来事が重なって思わず笑みがこぼれた。曲目はフライ・ミー・トゥ・ザ・ムーン、セルシオなら月まで行くのもそう苦にはならないかもしれない、そう思った。

それにしてもセルシオに搭載された新開発の1UZ−FE型エンジンはなんとスゴいパワーユニットなんだろう。あれだけ静かであれだけ力強くあれだけ綺麗にまとまっているエンジンはいままでになかった……その思いがずっと頭から離れなかった。わたしはどうしても1UZ−FE型の全てを覗いてみたい欲望にかられトヨタの広報に「あのエンジンをバラしてみたいのですが……」と企画を持ち込んでみた。もちろんわたしの担当していた月刊誌にその全貌を紹介するのだ。物分かりのいいトヨタ広報担当者はふたつ返事でOK、早速本社における取材の段取りをしてくれた。ひとつの最新エンジンがベテラン技術者によって分解されていく過程は、それはそれはスリルと興奮に満ちたもので、わたしは遂にその精緻なる世界の全てをこの目で見ることができた。

そして……1989年の日本カーオブザイヤーは見事セルシオの上に輝いた。強敵スカイラインを振り切っての優勝であった。口の悪い連中は「ドイツに招待されれば当然セルシオに高い点数を付けるよな……」などと陰口を叩いていたが、選考委員にとってはそんな単純な理由は当てはまらない。隅から隅まで全身これ精緻な作りと図り知れないポテンシャルを有するセルシオに打ちのめされた……その結果なのであった。

■走りの個性を復活させた 8代目スカイラインシリーズ

さて、そのセルシオと賞獲り（イヤーカー）を競った日産スカイラインはどうであったか。7代目（R31型）がフルモデルチェンジして8代目（R32型）へ生まれ変わったのは1989年5月であった。精緻な作りの高級車がセルシオならスカイラインはいわば人間味のある気の置けないスポーティファミリーカーであった。

初代から7代目までを開発した櫻井真一郎氏（故人）に代わって8代目は伊藤修令（いとう・ながのり）氏が開発責任者であった。伊藤氏は旧プリンス自動車生え抜きのエンジニアで、いわば櫻井氏の愛弟子である。長年櫻井氏と共にスカイライン、ローレル、レパードなどの開発に携わってきたひとである。日産はこの8代目R32型で是非イヤーカーを獲ろうと気合いが入っていた。発表から3ヵ月後の1989年8月には新たにニューGT-Rをシリーズに加え、いよいよ賞獲りの布陣を固めていった。

日産はわれわれ日本カーオブザイヤー選考委員を中心としたモータージャーナリストを九州は鹿児島を起点とする試乗会に招待し、トヨタ（セルシオ）よりひと足お先にスカイラインの魅力をわれわれに強く印象付けようとした。観光地巡りの後はいよいよ鹿児島市周辺と櫻島を一周するスカイラインの試乗会であったが、このスポーティなクルマにとってはいささか舞台が狭くロケーションとしては決して適切とは思えなかった。しかしその日の宴会はさすがに日産、開発陣の面々と忌憚なく談笑できる気の置けない席をわれわれの為に設定しスカイライン談義は大いに花を咲かせることができた。

宴会が佳境に入ってきた頃わたしのところへわざわざ伊藤修令氏が近寄ってきてコップにビールを注ぎながらわたしにスカイラインの試乗印象を尋ねた。「タイトな着座感と適切なドライビングポジションはさすがですね。操舵性に優れたステアリング系とニュートラルな操縦性、やや硬めの乗り心地がスポーツ心をくすぐりますよ。そして何より動力性能がいい。強いてナンを挙げれば後席のスペースがやや窮屈だということですかね……」と忌憚のない印象を話した。彼はいちいち頷いてわたしの話を聞いていたが、けっして「投票日にはひとつよろしく……」などと不粋な台詞は吐かなかった。あくまでも柔和で好感の持てる紳士であった。

後日、スカイラインの歴史を1冊にまとめたムック誌を制作するにあたって、わたしは改めて伊藤氏を厚木の自宅に訪ねていった。開発秘話を聞き出すためであった。スカイラインの歴史を繙くと分かるが、ボディ寸法は代を変えるごとに変化し、シリーズの性格も、走りやスポーツ路線へシフトしたと思えばファミリー路線やラグジュアリー方向へと変化する。つまり基本的には〝スポーティセダン〟のコンセプトを貫きながらもモデルチェンジをする度にその中身はかなりぶれていることが分かる。当時、マークⅡやローレルと差別化が図られていないとして7代目に対する評価は低かった。スカイラインらしくないというわけだ。

伊藤氏はそのときこう述懐した。「7代目はスカイラインらしい走りの個性がなくなり他車と同じ様になった、独自性がない……と多くのジャーナリストから指摘されました。で、わたしは8代目のときは名車スカイラインのイメージを復活させよう、そう決心したわけです。7代目までをひとつの区切りとして、8代目以降の新世代スカイラインを構築しよう。そのためにはまずイメージリーダー役のGT-Rを作ろう。わたしがいまやらなければ永遠に誰もできない、そう思って本気でR造りに取り組んだわけです」。つまり伊藤氏の使命はスカイラインに走りのイメージと独自性を復活させることにあった。

1973年1月にデビューした4代目スカイラインGT-Rは、その心臓部であるS20型エンジンがどうしても排出ガス規制に適合せず、同年4月に生産中止の憂き目にあった。半年にも満たない想定外の短命であった。以来、GT-Rの名前は16年という長い空白期間を置くことになった。

その間のスカイラインはシリーズの頂点にスポーティモデルを設定するものの、ライバル他車のラグジュアリー志向に影響され、全体的に肥大化の傾向を辿っていった。個性も失われてきた。当然のことながら往時の名声も薄れかけ若いユーザー層も次第にスカイラインから離れつつあった。伊藤氏が開発するに当たって憂慮したのはこの点にあった。なんとかしてスカイラインを再び若い人のクルマに戻さなければならない。先代のイメージを払拭するためにはなんとしても新GT-Rのデビューが必要であった。

■GT-Rの〝廉価版〟GTS-4を購入、8年間走りを楽しむ

8代目スカイラインは先代よりひと回りコンパクトなボディサイズで登場した。プラットフォームは先代と共用するため同寸（2615ミリ）だが、前後のオーバーハングを切り詰めたため引き締まったスタイルとなり、その結果取り回し性も向上した。エンジンは先代同様RB型をメインに搭載し、シングルカム、ツインカム、ツインカムターボと幅広いラインナップを設定した。

そしてGT-Rに搭載するエンジンは、RB20型をベースに排気量を2.6リッター（2568cc）に拡大し2機のセラミックターボを装着した新開発RB26DETT型であった。この直列6気筒ツインカム24バルブエンジンはツインターボにより優れた過給効果と鋭いレスポンスを発揮、最高出力280馬力、最大トルク36.0kgmというハイパワーを発生した。

このGT-Rをフラッグシップに据えた8代目スカイラインシリーズは極めて好評で若者から年配者まで幅広いユーザー層に受け入れられた。シリーズのなかでも売れ筋機種は価格の割安感とスカイラインらしい走行性能をうまくバランスさせた4ドアスポーツセダン2000GTS（エンジンはRB20DE型155馬力）であったが、わたしが注目した機種は同2000GTS-4であった。エンジンこそ2リッターツインカムターボのRB20DET型（最高出力は215馬

力）でGT−Rとは異なるものの、そのほかのメカニズムはほとんどGT−Rと同じで、4WDすなわち4輪駆動であり、スーパーHICASという4輪操舵システムが付いていた。

4WDはアテーサE−TSという名前の電子制御トルクスプリットで、ターボ仕様車にはビスカスLSDも標準装備されていた。

GTS−4は、いってみればGT−Rの廉価版で、高額なGT−R（発売当初の価格は445万円）に手が届かないひとのためのスポーツモデルであったが、それでも当初の価格は288.7万円（4速E−AT仕様）もした。直列6気筒ターボの卓越した動力性能と当時の最先端技術による抜群の安定感そして余裕のある走行性能は見事に「走りのスカイライン」を復活させ、GTS−4はシビアな評価を下すモータージャーナリストたちからも絶賛された。

わたしは高速道路はもちろんワインディングの続く山岳路で思う存分GTS−4の試乗を楽しんだが、まさに時代は変わったのだという感触が路面からハンドルを経てわたしの心に伝わってきた。当時（もちろん現在でもそうだが）の自動車の進化は日進月歩どころか秒進分歩であった。自動車雑誌編集者としてはその最先端文明を時々刻々体得していく必要があるのではないか、そういう思いが急速にこみあげてきた。わたしは7年間使用していた愛車カムリに別れを告げ思い切ってGTS−4を購入することにした。1990年の半ばであった。

カローラ、セリカ、カムリなど長年トヨタ車を愛用してきたわたしにとって日産車はブルーバード410型以来のマイカーとなった。そしてGTS−4は春夏秋冬いかなる天候下においても期待を裏切ることなく我が家の一員として楽しいカーライフを演出してくれた。結局わたしは1990年から97年まで足

8代目スカイラインのGTS-4を購入、路面状況を問わず安全快適なドライブを可能とした4駆セダンの走りを8年間楽しんだ。当時の先端技術の世界を実感したものだ。

掛け8年間をスカイライン2000GTS−4と共にカーライフを過ごしたが、いま振り返ると、雪の日も雨の日も路面を気にすることなく走れることと、ストレスを感じることのない動力性能によって運転が大変楽であったことが一番印象深い。

当然のことながら高性能車であるから燃費は余り良くなかったが、その分快適で爽快なドライブを提供してくれたわけである。いまでもたまに街中でGTS−4を見かけることがあるが、どうか大切に乗って欲しいとその持ち主に言いたくなる。20世紀の国産車のなかでも傑作車のひとつであることは間違いないのだから。

■豪州試乗会の熱意が 14年後のCOTYで実ったスバル・レガシィ

1989（平成元）年の夏が過ぎると、自動車雑誌を主たる対象とした新型車試乗会が立て続けに海外において行なわれた。先陣を切ったのは9月下旬から6日間にわたって豪州で開催されたスバル・レガシィの試乗会である。その豪州から帰国して間もなくわたしはドイツにおけるセルシオの試乗会（別項既述）のために再び成田空港を離陸した。

アウトバーンをセルシオで激走した興奮がまだ覚めやらぬうちに今度は三菱ミニカ・ダンガンでマレーシア半島を縦断するという異色の試乗会が待っていた。異色というのは、軽乗用車では珍しく初の海外試乗会だったからだ。11月の初旬であった。

レガシィは富士重工業が満を持して1989年2月から新発売に踏み切ったブランニューモデルで、車名が示す通りスバル伝統の技術を随所に活かしながら全く新しく誕生したクルマであった。ボディは4ドア6ライトのセダンと、2段ルーフを持つバックドア付ツーリングワゴンの2種類で、搭載されるエンジンはそれまでと同じ水平対向4気筒だが、全くの新設計ユニットで、1.8リッターSOHC110馬力、2リッターDOHC150馬力、そしてDOHCインタークーラー付ターボ200馬力(GT用)と220馬力(RS)の4種が用意されていた。

駆動方式はツーリングワゴンはフルタイム4WDのみだが、セダンには4WDと普通の前輪駆動(FF)が設定されていた。

レガシィはスバルの乗用車系の最上級モデルだけにそれまでのレオーネよりもひと回りサイズは大きく、エクステリアデザインも洗練されたものとなり、当時のコロナEXIVあるいはブルーバードと互角に対抗し得る商品に成長していた。露骨な言い方をすれば、それまでのいささか野暮なスバルのデザインイメージはレガシィですっかり払拭された観があった。

COTY(日本カーオブザイヤー)の顕彰は1980年から始まっていたから、レガシィ登場の1989年は第10回目となる節目のときであった。したがってスバルとしては是非ともこのレガシィで最高点を獲りたかったのであろう。また、獲れるに値する出来栄えであった。

われわれ選考委員もその辺りの事情を鑑みながら「今回はスバルもリキが入ってるね。広報も本気だよ。期待にたがわずいいクルマなら、そりゃ最高点をあげるさ」などと、親しい仲間が集まればひそひそ話をしたものだ。一路シドニーに向かうカンタス航空の機内の中でも「しかし、今年のイヤーカーは大物がいくつも控えているからね……」と、もっぱら話題は秋の決戦投票に集中していた。

シドニー到着の初日は専用バスで主に市内観光、夜はホテルでパーティの豪華接待、試乗会は翌日からとなっていたが、スバルから示された日程表には「ご試乗される方」と「市内観光の方」に分かれており、どちらのコースも自由に選ぶことができた。したがってその気になれば帰国の日までレガシィそっちのけで毎日観光三昧に終始できるスケジュールであった。

わたしは親しい仲間と組んで当然のことながらレガシィの試乗に徹し、写真も撮りまくった。重厚な取り回しと落ち着いた乗り心地はそれまでのスバル車にはない新鮮な印象を与えてくれたが、いまひとつのパンチに欠けているというのが正直な感想であった。シドニーからかなりの郊外まで足を延ばしたが、さすがにオーストラリアは広かった。どこまでも続く一本道の両側は広大な荒地で、遥か遠方の森とおぼしき所から盛大に煙が立ち昇っていたが、あれは噂に聞いていた森林火災であろう。豪州では珍しいことではないと後から聞いた。それはともかくレガシィは広大な大陸を突き進むには実に楽で快適なクルマであった。

夕刻ホテルに戻ると、メーカー側との懇親会が開かれ、ニューレガシィ談義に花が咲いた。それにしてもその夜のシーフード料理は実に美味で、ハードなスケジュールに多少疲労気味のわれわれを元気づけるには十分なもてなしであった。そして、試乗会

昭和の時代が終わり平成に元号が変わったその5月に、日産スカイラインは7代目から8代目R32型へバトンタッチされた。ボディサイズは先代より縮小され、スポーツ志向の強いシリーズに生まれ変わった。さらに同年8月、ケンメリR消滅後16年ぶりにGT−Rが復活、ファンを喜ばせた。エンジンは直列6気筒24バルブDOHCインタークーラー付ツインセラミックターボのRB26DETT型2568ccで最高出力は280馬力。アテーサE−TSを搭載するフルタイム4WDだ。

4ドアスポーツセダンGTS-4。写真のボディカラーは#AH3レッドパールMです。

2ドアスポーツクーペGTS-4。写真のボディカラーは#732ブラックパールMです。

1989年5月にデビューした8代目スカイラインは、同年8月に待望のGT−Rを復活させるなど走りのイメージを重視した方向へシフトした。GT−R発売と同時にシリーズに新設定されたGTS−4はエンジンこそ2000ccのRB20DET型215馬力だが、電子制御駆動力配分のアテーサE−TS 4WDを備えたスポーツタイプだ。

伝統の水平対向エンジンと4WDを継承しながらブランニューモデルが1989 1月に登場した。スバル・レガシィだ。セダンとツーリングワゴンの2ボディで、エンジンは新設計EJ18型110馬力とEJ20型150馬力、そして同インタークーラー付ターボ220馬力の3種類。当時の豪州試乗会に筆者も参加し余裕ある走りを楽しんだ。

の最終日、スバルの広報は終日シドニー港クルーズをメインとする観光でわれわれ全員を楽しませてくれた。これはわれわれにとっては大変嬉しいことであった。お陰で世界でも屈指の美しいシドニー港を存分に見ることができた。

1989年の第10回日本カーオブザイヤーは結局トヨタのセルシオが獲得したが、スバルの豪州試乗会は決して無駄ではなかった。スバルの〝本気度〟が立証されたうえCOTYに対するスバルの執念が選考委員に伝わったからだ。この作戦はやがてくる次のチャンスに生かされるに違いない……われわれはそう考えた。そしてその機会は14年後にやって来た。2003年の第24回日本カーオブザイヤーでスバル・レガシィが見事にトップ当選したのだ。豪州の屈辱を晴らした快挙といえるだろう。

ちなみに1980年の第1回から2014年の第35回までCOTYを獲得したメーカーはホンダが最も多く11回にのぼる。次がトヨタの9回、以下日産4回、三菱4回、マツダ5回、富士重工（スバル）1回となる。（注：2013年はVWゴルフが受賞したので国産は34回となる）。

■マレー半島縦走でみせた ミニカ・ダンガンの素晴らしい走り

1989年最後のビッグイベントは三菱のミニカ試乗会であった。広報がわれわれに示したレジュメの名目は「三菱自動車マレーシア・プロトン工場視察」で、ミニカDANGAN試乗会とは明記していなかった。試乗はあくまでも道中の足としての役割のニュアンスであった。11月9日に成田を離陸、一路マレーシアの首都クアラルンプールへ飛び、その夜は市内のレストランで中華料理を楽しみ、翌日は朝9時から昼までプロトン工場を視察し、昼食はホテルの和食を楽しんだ。

日本の秋から一気に南国へ飛んだわれわれの体調を考慮してか三菱広報担当者の食事に対する気の使いようは大変きめ細かかった。

プロトン工場は1985年にマレーシア政府と三菱が合弁で設立した工場で、クアラルンプール郊外のシャー・アラム工業地区にあり、われわれが視察に訪れた当時は最初の国民車SAGAを生産していた。

ちなみにその後の経緯をざっと辿ると、2004年に三菱はプロトン社と資本提携を解消したが、2006年に再協業の覚書に調印し、2008年に新型車両の開発・生産で協力する契約を結んでいる。2014年現在プロトンは三菱自動車の車両（ランサー）をベースとした4ドアセダン（インスピラ）を同国内で販売している。われわれが視察した当時は操業してから4年ほどであったから工場内は大変綺麗であった。

昼食後はいよいよミニカ・ダンガンの試乗である。試乗会場へ到着すると新車が勢ぞろいしていた。早速担当者の懇切丁寧な説明を受ける。クアラルンプール市街からハイウェイをひたすら南下してマラッカ市内のホテルへ夕刻4時までに到着し、チェックインせよという指示だが、マレーシアは全員初めてなので、道に迷ったら大変とばかり、担当者の説明には熱心に耳を傾けていた。

2人1組でダンガンに乗り込みいざ出発、与えられたマップを頼りに市街を抜けるといよいよハイウェイだ。樹海の真ん中を一直線に切り開いたような素晴らしい高速道路がどこまでも続く。それにしてもダンガンの走りはエキサイティングであった。加速のよさ、伸びのよさ、鋭いレスポンス、どれをとっても高性能スポーツカーのそれであった。途中、指示された休憩ポイントに立ち寄ると既に何台かのクルーがそこにたむろしていて、口々にダンガンの

1989年1月に三菱ミニカがフルモデルチェンジした。シリーズの中で最もスポーティな機種ZZに搭載された新エンジンにモータージャーナリスト達は一様に驚いた。3G81型3気筒DOHCエンジンは1気筒に5バルブ機構を採用していたからだ。3気筒だと15バルブになる。精緻なメカニズムだ。これでマレーシア半島縦断の長距離走行を試みたが、とても64馬力とは思えないダンガン振りを発揮してくれた。

素晴らしい走りを語り合っていた。その夜はホテル内のレストランで中華料理に舌鼓を打ち、アルコールも嗜んで大いなる談笑を楽しんだ。

翌日は再びダンガンでクアラルンプールを目指してひた走り、昼食は市内のレストランでマレー料理を楽しませてもらったが、それにしても一般路を含めた往復450km程の試乗は全くストレスを感じないもので、ダンガンがいかに優れた軽乗用車であるかを証明してくれた。動力性能は言うまでもなくインテリアの作りも適切で操作系も視認性も違和感がなかった。

■あの小さな軽エンジンに5弁機構を採用した三菱技術のすごさ!

ダンガンは1989(平成元)年1月のミニカ・フルモデルチェンジの際に設定された新車種だが、そのシリーズの最もスポーティなZZに搭載されていたエンジンを見てモータージャーナリスト達は誰もが驚嘆した。直列3気筒550ccという小さなエンジンには5バルブ機構が採用されていたからだ。3気筒×5＝15バルブのDOHCエンジンだ。ノーマルの3G81型をベースに5バルブヘッドに改良し新開発のインタークーラー付ターボを装着、ECIマルチ燃料噴射、ローラーロッカーアーム、オートラッシュアジャスター、ノックコントロール付電子進角、水冷式オイルクーラーなどを組み込んだ紛れもないスポーツエンジンであった。

スペックによれば最高出力は64馬力、最大トルクは7.6kgmを発生していたが、これは極めて控えめな数値に違いない。実力はこんなものではなかろう。このゆとりある動力性能としっかりした足回りが何の疲労感をも感じさせずにマレー半島の長距離ドライブを可能にしたのだと思う。実は帰国後に再び広報から試乗車を拝借して箱根新道をソロドライブしてみたが、登り勾配での追い抜きなどは何の不安もなくいとも簡単にやってのける。まるで軽の化け物であった。

試乗車を返却する際、親しくしていた広報担当者に「あのクルマ、実際のところパワーはリッター級だね。業界の自主規制で軽の最高出力は64馬力に定められているけど、100馬力はあるんじゃない？」とカマをかけると「いやぁ、ウチの技術屋はホント、すごいんですよ。緻密で精緻、あんな小さなエンジンに2リッタースポーツエンジンなみの機構を採用しちゃうんですよ……」と自社の技術力の高さを正直に吐露していた。

ダンガンの車両重量は概ね700kgだから仮に100馬力だとパワーウェイト比は7kg/馬力となって、あの走りのフィーリングにぴったりとなる。だから、わたしは勝手にダンガンのパワーは100馬力だったと信じている。この世間をあっと言わせた〝5バルブ機構システム〟は、1991年に7代目となったトヨタ・カローラのGT系に搭載された4A-GE型にも採用され、4気筒20バルブエンジンとして大変注目されたものだ。吸気弁3、排気弁2の5バルブ動弁機構は1.6リッターで160馬力を発生させるために必要なメカニズムであったという。

ちなみに当時この4A-GE型を搭載しスーパーストラットサスペンションを装着したレビンGTアペックスを箱根のワインディングで試乗したが、まさにFFスポーツの極みといっても過言ではないほど素晴らしい走りを披露してくれた。エンジンはあくまでも鋭くレスポンスはシャープで、まるでロータリーエンジンのように良く回った。このGTアペックスは車両重量が1110kgでパワーは160馬力だからパワーウェイト比は約7kg/馬力弱となる。ダンガンの走りもまさにこの領域に到達していたのではないか、そう思っている。

いずれにしろ25年以上も前に5弁機構を採りいれたモノ凄いエンジンが軽乗用車と大衆車に存在していたという事実を忘れてはならないし、今日の若い人に伝えておかなければならない。バブルの絶頂期は国産エンジン技術の絶頂期でもあった。その真っ只中に潜り込みその全てを体感したわれわれは幸せ者というべきであろう。少々感傷的になるが、もはやあのようなレシプロ全盛時代は、まず再びくることはない。嗚呼まことに懐かしき時代ではあった。

■ダンガン試乗会は 新型車ディアマンテの賞獲り作戦の前哨戦だった

センチになってはいけない、話を戻そう。クアラルンプールに戻って昼食にマレー料理を食した後は市内で観光とショッピングを楽しみ、次なる目的地はマレーシア航空で一路シンガポールであった。なかなかユニークなスケジュールとみたが、後で聞いた話によると、われわれに同行した広報・宣伝部長が以前東南アジア地域に単身赴任した経験があり、その経験を活かして今回の企画を立てたのだという。

夕刻にチャンギ国際空港に到着、翌日は豪華船にてクルージングを楽しみ、昼食は船内でバイキング料理に舌鼓を打ち、夕食は南国ムード満点の豪華レストランで海鮮料理を楽しんだ。これもその部長が考えたプランであった。海鮮料理の丸いテーブルには日頃彼と親しくしている各誌の編集長が5〜6人囲んで座り、彼と忌憚のない雑談を交わした。普段はお互いライバル誌として競争心をむき出しにしているわれわれだが、こういう場では極めて和やかなムードで話は進む。で、話はやはり「なぜ、ダンガンの試乗会をマレーシアで開催したのか？」に絞られた。

部長の話によればこうだった。「今年はこれ（ダンガン）で獲ろうなどとはさらさら考えていない。大体、今年は本命と言われる車種が複数ある。軽自動車は来年（1990年）1月から新規格が施行され全長はプラス100ミリ、排気量は660ccにそれぞれ拡大される。施行と同時に各社から一斉に新規格車が出揃うだろう。その前にウチの軽がいかに優れているかを皆さんに体感していただき、そのイメージを引き続き来年に登場する新ミニカに繋げて貰いたい」。そして、さらにこう続けた。

「今回の試乗会を通じて皆さんとより密接なコミュニケーションを図りたいし、来年デビューするウチの新型車に賭ける広報の熱意と本気度と意気込みを汲んで貰いたいのだ。その為には今からアクションを起こさないと間に合わない。その意味でも今回の試乗会は大事な意味を持つのだ」。

概ねその様な内容であった。

ミニカは1990年2月に新規格に沿ったマイナーチェンジが施され、全長は3.3メートル、エンジン排気量は660ccに拡大されたが、ダンガンの改良はその年の8月にずれ込み、5バルブエンジンも660ccに排気量アップされたものの最高出力は当然のことながら行政指導上限の64馬力と変化はなかった。しかし最大トルクは9.8kgmと大幅に向上し、その走りは一段と豪快なものにグレードアップした。

そして1990年5月、三菱は初の3ナンバー専用車ディアマンテを発表、秋のCOTY争奪戦に向けて巧みな作戦を開始した。

第5章

新規格の採用で真の国民車に成長した軽乗用車

RJCの第1回イヤー賞はRX-7とRE生みの親・山本健一氏

■ディアマンテ登場の年に出版社を辞し　フリーの身となる

三菱初の3ナンバー専用車として1990（平成2）年5月に新発売されたディアマンテは、ゆったりサイズの4ドアピラードハードトップボディで、車体寸法は全長4740ミリ、全幅1775ミリ、軸距2720ミリと当時のクラウンやセドリック等とほぼ互角の体格で登場した。エンジンはV型6気筒で、これを横置きに搭載してFF駆動方式を採用していた。当時このクラスとしてFFを採用するのはまだ珍しかった。

V6の排気量は3リッターと2.5リッター（以上はDOHC）と2リッター（SOHC）の3種類で、最高出力は上から210馬力、175馬力、125馬力となっていた。基本的にはFF駆動だが3リッターと2.5リッター搭載車にはビスカスカップリング式センターデフ付のフルタイム4WD車も設定されていて、これらの上級仕様車には三菱自慢の電子制御式ハイメカニズムが多数盛り込まれていた。

堂々たる容姿といい最新機構満載の中身といい、その出で立ちはいかにもバブル絶頂期に相応しい豪華内容であった。

わたしはこのディアマンテが登場してから2〜3ヵ月後であったか、思うところがあって出版社を辞することにしたのだ。担当していた月刊誌の編集長のポジションを後輩に譲り、モータージャーナリズムの世界をフリーの立場で活動しようと決心したのである。熟慮を重ねての決断というわけでもなかった。いや、急にふと会社を辞めたくなったというのが正直な心境であった。

強いていえば、突然の疲労感に襲われたとでもいおうか、毎日の緊張感から解放されたいという敗北感も確かにあった。その背景には、例えばメーカーとの様々な付き合いに嫌気がさしたのかもしれない。毎月の実売率に一喜一憂する編集長としての宿命に疲れたのかもしれない。実売率の低迷が長引くときの営業会議はまるで針のむしろに座らされている感じであった。もっと基本的な点に触れるとすれば、雑誌作りの熱意が薄れてきたのかもしれない。モチベーションの低下である。

そこに加えて健康面においても様々な不安材料が露呈してきた。このまま現役を続けていれば寿命は縮まるばかりだとおぼろげながら分かってきた。これではいけない、おれは長生きしたい、そんな様々な思いが急に醸造されてきて、ある日突然、日頃敬愛する専務に辞表を提出したのである。

当然のことながら初めは有無を言わさず突き返された。それでもわたしの意志が固いと察してかとにかく話を聞こうではないかということになり、いつもの喫茶店に呼び出され一時間ほど専務と話し合いを行なった。その結果、向こう1ヵ月の間に身辺整理をし会社に迷惑をかけないこと、これぞと思う後継者候補を決めておくこと、この2点の要望がなされ、わたしの辞表は無事受理されたのである。

話が決まると人間とは現金なもので急に肩の荷が下りたようにさっぱりした気分になった。さあ、おれは自由の身になったのだと再びの仕事に対する意欲が湧き出てきた。これからは、毎日の予定は自らが作り、自分の得意な分野の取材をし、信念に基づいた原稿を執筆することができる、そう思うとこれまでにない新鮮な目標が目の前に展開してきた。取り敢えずは自動車専門誌からの執筆依頼をこなし、加えて日頃から温めていた著作活動を精力的にこなしていこう、そう心に決めてみた。とにかくまずは1冊の単行本をモノにしたかったのだ。

編集長の職を辞してからの何日間は結構忙しかっ

た。これまでお世話になった各自動車メーカーの広報および各スポンサー筋にその旨の挨拶回りをし関係各位全てに挨拶状を郵送した。事務的な処理をしながら過去の想い出に浸るときは若干の寂しさが募ってはくるものの、反面これからの自らが作り上げていく世界に期待は膨らんできた。

それに、あの帰宅が深夜に及ぶ接待漬けからも開放される上、針のむしろの精神的拷問からも逃れられる、社内の権力闘争からも縁が切れるし、上司へのご機嫌取りもせずに済む、そう考えただけでもストレスは吹き飛び気分は爽快になったものだ。

退職してからやがて夏が過ぎ秋の気配が感じられる頃、改めて気が付いたのだが体調がすこぶる良くなったのだ。悩んでいた腰痛も視力の低下もいつの間にか気にならなくなり、お腹の出っ張りも凹んできた。体重も数キロ軽くなり、ズボンを締めるバンドの穴の位置も大分変わってきた。したがって血糖値も血圧も現役時よりかなり良好になってきた。

暴飲暴食に加え不規則な生活とストレスが祟って現役時代はおよそ健康とかけ離れた毎日であったことが今更ながらよく分かった。もしあのまま職務を忠実に遂行し地位に食らい付いていたらとっくにあの世行きであったに違いない。おゝ神よ！ である。

ちょうどそんな頃、自宅に三菱自動車広報から電話がかかってきた。親しくしていた広報担当者からであった。「もしもし小田部さん？ 実はアメリカへ行ってもらいたいんだけど、いいかな？」「えっ、なんですか、突然に。どういうこと？」「例のディアマンテの試乗会を米国で開催するので小田部さんにも参加してもらいたいので……」とのこと。随分と急なオファーであった。

既に出版社も辞めたことだし、当然のことながらCOTYの実行委員としてのポジションも失ったわけだから、ディアマンテの海外試乗などというお誘いは受けるはずないと頭から思い込んでいた。従って「わたしはいまフリーの身だし、イヤーカーの選考委員でもないんだけど、ホントに行かせてくれるのかい？」と念を押さずにはいられなかった。

広報担当者の本意は分からなかったが、とにかく試乗会に行けるのはこの上なく嬉しかった。あのシンガポールでなぜダンガンの試乗会を敢行したのかその理由を説明してくれた広報・宣伝部長の言葉が思い起こされ、彼はいよいよその作戦を実行に移したのだと理解できた。彼のイメージアップ作戦はディアマンテによって必ずや成就するであろうとわたしは確信していた。

■フリーになって最初の仕事が
サンディエゴのディアマンテ試乗レポートだった

マレーシアにおけるミニカ・ダンガンの試乗会のときと同様にディアマンテのそれもまずは工場見学からスタートした。米クライスラーと1970年に業務提携した三菱は1985年にクライスラーと合弁でダイアモンド・スター・モーターズ、通称DSMを設立しイリノイ州にその工場を造ったが、われわれが最初に連れて行かれたのはその工場であった。

まだ真新しさが漂う工場は整然として綺麗であった。確かその頃は三菱のスポーツカー「エクリプス」等を製造していたと思う。まずは三菱の北米事業部門のひとつを見せ付けることにより三菱に対するイメージアップが図られたのである。COTYの面々に対する巧みな洗脳方法であった。

そしてその日の夜、ディナーパーティーの後は大都会シカゴのさるクラブで本場ジャズの弾き語りを楽しませてくれた。われわれをエスコートしてくれた広報担当者のセンスはなかなかであった。すっか

1990年はまさに百花繚乱様々な新型車が登場した。中でも存在感が際立っていたのは三菱初の3ナンバー専用上級車ディアマンテだった。4ドアピラードハードトップの大型ボディには3種のエンジンが用意された。OHC 12バルブ2000 cc 125馬力、DOHC 24バルブ2500cc 175馬力、同3000 cc 210馬力で、何れもV型6気筒。基本横置きのFF方式だが、2000ccを除けばフルタイム4WDも選択できた。米国西海岸の試乗会で重厚かつ快適な走りを堪能したが、案の定この年の日本カーオブザイヤーを獲得した。

りジャズを堪能して外へ出ると、五大湖のひとつミシガン湖に接したイリノイ州シカゴの秋の夜は既に冬の気配を感じさせる肌寒いものであった。

翌日の目的地は米国西海岸のサンディエゴであった。肌寒いシカゴからいっきに南国ムードのカリフォルニア州最南部への移動であった。サンディエゴはロサンゼルスからざっと200kmほど南のメキシコ国境に近い都市で人口は概ね122万人、カリフォルニア州ではロスに次ぐ第2の街である。歴史的な建造物を大切に保存してある美しい街で、澄み渡る青い空と爽やかな海の風が心地よい観光都市でもあった。

ホテルに到着すると既に試乗車であるディアマンテがずらりと勢揃いしてわれわれを待っていた。2〜3人を一組に車両を割り振りされ、定められた時刻までの自由行動となった。つまりどこを走ってきてもいいというわけだ。わたしはかつての競合誌の編集長を相棒に選んでフリーウェイを飛ばし、ヨットがひしめきながら繋留されている美しい港や展望の開けた海岸まで足を延ばした。

ディアマンテの堂々たる容姿はどこに停めてもサマになり、美しい景色をバックにしては相棒と写真を撮りまくったものだ。

サンディエゴ・フリーウェイでのディアマンテはその剛性感に溢れた車体が快適な室内空間を生み、安定した姿勢のもとで素晴らしいハンドリングを与えてくれた。3リッターV6エンジンの動力性能は余力を保持しながら思い通りの瞬発力を発揮してくれた。

「今年はこれでキマりだと思うけど……」とわたしは助手席に座っている相棒にカマをかけてみた。もはや選考委員ではない気安さからである。COTY選考委員である相棒は事も無げにこう返事をかえしてきた。「決まりだね。文句ないよ」。その夜のホテルでのディナーパーティーはディアマンテ礼賛の話で盛り上がっていた。くだんの広報・宣伝部長は終始ご機嫌でCOTYメンバーの輪の中を回りながら皆の話に耳を傾けていた。そのとき恐らく彼の胸中には「作戦成功」の文字が強く刻まれていたに違いない。

帰りの機中では偶然試乗のときの相棒と隣り合わせの席になった。しばらく雑談を交わしているうちに彼は何を思ったのか「ちょうどいいや、うちは今回の試乗レポートを次号に掲載するんだけど、締め切りが明日なんだ。これ、うちの原稿用紙だけど、これで足りるかな？」といってわたしに原稿用紙を何枚か手渡した。「えっ、それわたしが書くんですか？」。隣の席に座ったのが運の尽き、成田までの道中をゆっくり音楽で楽しもうと思っていた矢先に何と仕事が舞い込んできた。「日本に到着するまでに書いてくれればいいから……」と彼は澄ましたものだ。

試乗レポートといっても記憶だけに頼った薄い内容では済まされない、彼の専門誌は部数も多いし類誌の中では権威もあるから中身の濃い原稿を書こう、そう思ってバッグからディアマンテに関する資料と今回のスケジュール表を取り出し、時折窓の外を眺めては膝の上の原稿用紙と睨めっこを開始した。

彼の雑誌はA4判だが、その中の4ページを割くというのでかなりの文字数になる。やっとのことで書き上げたときはあと数時間で成田に着陸という頃であった。彼はわたしの原稿に早速目を通し「いやぁ、助かった、OKです」と満足そうであった。彼の嬉しそうな顔をみてわたしは安堵すると共に、わたしのいわばフリーになってからの初仕事を無事に終えたという満足感が湧いてきた。

と同時にフリーの仕事はなかなかキツイものだという思いがこみ上げてきた。これまでは人様の原稿にいちゃもんを付けていたのだが、これからはその逆である。大いに気を引き締めてかからなければダメだ、相手の要望に耳を傾け、締め切りをきちんと守る、これがフリーの基本的心構えだ、わたしはボーイング747の機上でそう心に言い聞かせた。

帰国して翌月であったか、彼からA4判の立派な自動車雑誌がわたしの家へ郵送されてきた。ページをめくってみるとサンディエゴの美しい港を背景にしたディアマンテの写真とわたしの名前入り記事が掲載されていた。わたしのフリーにおける初仕事は立派に誌面を飾っていた。現役の時には味わえな

1990年5月に新登場したディアマンテの試乗会が米国で開催され、その重厚で卓越した動力性能はフリーウエイで十二分に発揮された。そして見事に、第11回COTYに輝いた。

かった特別の感慨がそこにはあった。

それから間もなく1990年の秋、第11回日本カーオブザイヤーが決定した。その年の5月に登場したトヨタのエスティマや9月にデビューしたホンダのスポーツカーNSXなどの強敵をものともせず三菱のディアマンテが見事に第1位を獲得したのだ。三菱の快挙であった。

もちろんサンディエゴにおける試乗会の効果も否定するものではないが、何より商品としてのディアマンテが極めて優れていたからに他ならない。その点を簡明にまとめたわたしの試乗報告もまんざらではなかったと手前味噌だが自画自賛したのもいまは懐かしい。

月日の経つのは早い。ディアマンテがイヤーカーに選ばれてから数年後であったか、彼の所属する出版社から思いもかけない知らせがわたしに届いた。彼が急逝したというのだ。あの元気な彼がと、当初は信じられなかったほどだ。

サンディエゴで共に試乗したシーンが懐かしく甦り、帰国途上の機内で強引に執筆を依頼されたときの彼の澄まし顔が昨日のように想い出された。気骨あるモータージャーナリストとして編集長仲間でも

1984年6月トヨタ初のミッドシップカーが登場した。MR2だ。２座席ボディの後ろにエンジンを横置きにし後輪を駆動するRR方式だ。懸架方式は4輪ともストラット／コイルの独立。エンジンは4A−GELU型DOHC 1600cc 130馬力と3A−LU型OHC1500cc 83馬力。変速機は5速MTまたは4速AT。1984年の日本カーオブザイヤーを受賞した。

スバルが放った初のスペシャルティカーがアルシオーネだ。1985年5月に発表され6月から発売された。格納式リトラクタブル・ヘッドランプをもった2プラス2の4座席クーペで、エンジンはレオーネと同型のEA82型水平対向4気筒OHCターボ135馬力。特異なスタイルで注目されたが長続きしなかった。が、1991年9月に後継モデルともいうべきアルシオーネSVX（写真下）が登場、こちらはジウジアーロのデザインによる美しいボディで、フルタイム4WDのグランツーリスモ。エンジンも6気筒3300cc 240馬力に換装された。

一目置かれていた人物だけに誠に残念なことであった。わたしが尊敬する数少ない編集長のひとりであった。いまさらながらご冥福を祈りたい。

■自主運営のクルマ選び「RJC」に入会、第1回イヤー賞にRX-7を選ぶ

1987（昭和62）年あたりから90年ごろにかけてはいわゆる「バブル」が膨張し市場最強の好景気が訪れていた。

自動車業界にとって結果的に有利となった税制改正さらには軽規格改定など各種制度の変更によるメリットも働いて、メーカーは活発に新商品を市場に投入していた。さらに自動車ユーザー層が急激に拡大し、女性ドライバーの増加が加速し、各家庭の複数保有の傾向が増大していたのも市場を活発化させていた要因だ。

バブル期の中でもとりわけ1989年と90年は様々な形態のクルマが新たに登場し、まさに市場は百花繚乱の様相を呈していた。モデルチェンジ車を含めると、スポーツカーに絞ってもスカイラインGT-R、フェアレディZ、MR2、セリカ、ユーノス・ロードスター（以上89年）、三菱GTO、ホンダNSX（以上90年）、アンフィニRX-7、アルシオーネSVX（以上91年）、さらにはホンダ・ビート、スズキ・カプチーノ、マツダオートザムAZ-1など本格派から軽スポーツまで多士済々であった。

また1988年から92年にかけてはスプリンター・カリブ、スズキ・エスクード、日産プレーリー、ハイラックスサーフ・ワゴン、いすゞミューワゴン、マツダMPV、ダイハツ・ロッキー、三菱RVR、三菱シャリオ等々遊び心を有したレジャー志向の車種や、本格ミニバンさらには新規格で活性化した軽乗用車などが次々に登場したものだ。

続々登場する新型車のジャンルが多岐にわたってくると消費者側も選択肢が多いゆえにマイカー選びがなかなか難しくなってくる。年間を通して最も優秀なクルマに賞を与えるという日本カーオブザイヤー（COTY）は、そういう観点から、多くのユーザーに対してクルマ選びのひとつの指針を示すものとしてそれなりの意義はあった。が、その選定に携わっている者にとっては、各自様々な思いがあって、当然ながら一様ではなかった。

いずれにしろ実行委員を含めた選考委員とメーカーとの間にはハタから見るほど優雅で華麗な世界は存在せず、それぞれの思惑が絡む複雑な関係があったことは否定できない。

当時、自動車雑誌を中心にした媒体で構成するCOTYの実行委員会にわたしもそのメンバーのひとりとして属していたのだが、1990年夏に担当誌の編集長を辞すると同時に実行委員会からは離脱した形になった。

COTYは1980年（第1回イヤーカー：マツダ・ファミリア）から始まったもので、わたしが実行委員として最後に選定した車種は1989年の第10回イヤーカー、トヨタ・セルシオであった。

このときも様々な声が外野から聞こえてきたものだ。実行委員はそれぞれメディアの立場上ひいきとするメーカーがあってイヤーカーの選定は公平性に欠けるのではないか、さらには、媒体が推薦する選考委員は所詮走り屋が多いので果たして彼らが選ぶクルマはイヤーカーに相応しいものか、あるいは、媒体とメーカーとの金銭絡みの賞ではないのか、等々批判の声はいろいろであった。

確かに当時の選考委員にはモータースポーツ関係者が多かったことは事実だ。したがって走行性能（運動性能）に優れたクルマが選ばれやすいという

軽とはいえ走りは本格的スポーツのホンダ・ビートが1991年5月に発売された。軽初のミッドシップエンジン・レイアウトを採用したフルオープン2座席で、シート背後に横置きされたエンジンはE07A型3気筒OHC12バルブ660cc 64馬力、変速機は5段MTのみ。当初の価格は138.8万円であった。

トヨタがターセル／コルサ／カローラⅡをベースに5ドアのワゴンボディに仕立てたのがスプリンター・カリブ。写真の初代モデルは1982年8月の発売であった。搭載されたエンジンは3A-U型直列4気筒OHC1500ccで最高出力は83馬力。後部スペースの使い勝手に夢があり手頃な万能RV車として人気があった。

懸念は全くないとは言い切れなかった。またメディア側にもT社派あるいはH社派といった具合に〝派閥〟があったようで、前回はT社が賞を獲ったから今回はH社にしようなどと冗談まがいに声を上げる委員もなかにはいた。わたし自身もハタから見れば公平な配慮に欠けていたかもしれない。

わたしは1990年に編集長を辞しフリーになったが、組織を離脱するとこれまで聴こえなかった様々な情報が耳に届くようになった。

そのなかで最も興味のあった事項は、これまでCOTYに所属していた大物自動車評論家数人がCOTYの運営方法あるいは選考基準等に違和感を覚えて選考委員を降り、新たに別の組織を作って、いってみれば自主運営のイヤー賞選びをしようという話であった。

つまり実行委員会から委嘱される選考委員ではなく、有志が会費を持ち寄って自由闊達な立場でクルマ選びをし、イヤーカーを決めようという主旨であった。

そのためには自動車評論家はもちろんクルマに関わる研究者、大学の先生、あらゆる分野のジャーナリスト、何らかの立場でクルマ界と接点のあるメディア関係者等々幅広く人材を集め、これまでのいわば専門性の強いクルマ選びから世間の多くの人が納得できるクルマ選びをしようというわけである。

そういう話が耳に入ってからまもなくわたしのところへ一通の手紙が届いた。上述した主旨の内容に続いて賛同であれば是非入会してほしい旨の言葉が綴られていた。

再びのクルマ選びかと当初は迷ったが、会の趣旨には反対する点もなかったし、折角のお声が発起人からかかったのだからと入会する旨の返事をした。そして1991年6月、設立のための第1回全体会議が開かれた。

組織の名称は日本自動車研究者 ジャーナリスト会議、略して「RJC」と決定、さらに規約や細則や会費の額あるいは幹事など運営上の具体的な事項が決まり、いよいよ1991年からイヤーカーの選定が開始された。わたしはRJC発足当初からの会員として、COTYに次ぐわが国ふたつめのカーオブザイヤーを選考する仕事に打ち込もうと心に決めた。当初の会員数は65名であったが、そのほとんどは既に顔なじみの面々であったので事を運ぶにはやりやすかった。

第1回の選考対象車は1990年11月1日から91年10月31日の間に登場した新型車で、かなり個性的なクルマが勢揃いしていた。

ピアッツァ、カプチーノ、フィガロ、プレリュード、センティア、RVR、パジェロ、サイノス、アルシオーネSVX等々ざっと30車種弱であったが、結局ノミネート10傑の中から選出された1991〜1992年次RJCカーオブザイヤーはマツダのアンフィニRX−7と決定した。

ちなみにこのときのベスト5車は1位マツダ・アンフィニRX−7、2位スズキ・カプチーノ、3位スバル・アルシオーネSVX、4位ホンダ・シビック、5位トヨタ・クラウンマジェスタ……であった。正確にいえばカプチーノとアルシオーネは同点（213点）で、1位のRX−7は312点とダントツであった。ちなみにこの時のCOTYの第12回日本カーオブザイヤーはホンダのシビックであった。

■絶妙な操縦性と魅力的なコクピットで RJC会員を魅了したRX−7

RJC初のイヤーカーに選定されたRX−7は3代目にあたるもので、初代は1978年に、2代目は1985

1991年12月に発売の3代目RX−7は「サバンナ」に代わって「アンフィニ」が車名に付けられた。2ローター・シーケンシャル・ツインターボを搭載し、軽量高剛性ボディと卓越した運動性能をもつピュアスポーツカーとして高い評価が与えられた。搭載された13B−REW型ロータリーエンジンは再度の改良で最終的には280馬力まで高められた。

2002年8月をもって生産中止となっていたマツダRX−7は「レネシス」と呼称する新世代ロータリーエンジンを搭載して2003年4月に全く新しい形で甦った。マツダRX−8だ。低排出ガスと低燃費を実現しながら標準車は210馬力、タイプSは250馬力の高出力13B−MSP型ロータリーエンジンを搭載してのデビューだった。センターオープン式の4ドア4座席のボディで後席のスペースも実用性は高かった。スポーツカーの歴史に新しい道を切り開いた革命児であったが、2012年6月、残念ながら再びの生産終了となってしまった。

マツダRX−8に搭載されたレネシスRE(ロータリーエンジン)は、それまでのターボ仕様から自然吸気に改められ、しかも吸排気ポートはローターハウジングからサイドハウジングの新しいポート配置に変更、緻密な先進技術を駆使してより軽くよりコンパクトに仕上げられた。エンジン型式は13B−MSP、654cc×2ローター、圧縮比10.0、最高出力250ps／8500rpm、最大トルク22.0kg／5500rpm、10・15モード燃費9.4km／ℓ。世界で唯一のマツダ製REは事実上消滅したが、REの研究は続行中で、次に甦るとすれば「水素ロータリー」だといわれている。

年に登場したサバンナRX-7であった。3代目は従来の「サバンナ」の名称を外して当時の販売店系列アンフィニ・ブランドを冠したが、中身はマツダが世界に誇るロータリーエンジンによる本格的スポーツカーに変わりはなく、その熟成度はますます高度に昇華されたものであった。

ボディ寸法は全長4295ミリ、全幅1760ミリ、全高1230ミリ、ホイールベース2425ミリで、幅広く全高の低いスタイルは精悍そのもので、それまでの5ナンバーサイズから3ナンバーボディにまとめられていた。乗車定員はカタログ上4名となっているが後席はあくまでもエマージェンシー用で、完全に前2席優先のスポーツカーレイアウトの室内であった。

搭載されたロータリーエンジンはそれまでと基本的に同じ2ローターの13B型654cc×2でシーケンシャルツインターボ付だが、燃料噴射装置を新しい方式に変更し吸排気系を改良するなどして最高出力は205馬力から255馬力へ、最大トルクは27.5kgmから30.0kgmへと大幅にパワーアップされていた。

アンフィニRX-7の特徴はRE(ロータリーエンジン)のみならずそのパッケージングにも隠されていた。REをフロントアクスルの後ろへセットすると同時に可能な限り低い位置へマウントし車両の前後重量配分を50：50にしたことだ。この重量配分はボディをはじめサスペンションやホイールなど全ての部位にわたる軽量化(アルミ化など)が効果を発揮している。

最もスポーティなタイプRの車両重量はわずかに1260kgであった事実から、いかに軽量化に腐心したかが窺われる。この軽量化と50：50の前後重量配分が絶妙な操縦性(運動性能)を生み、この運転感覚を体感したRJC会員はその爽快なハンドリングに魅せられたのであろう、会員65名のうち18名が満点の9点をあげている。ちなみにイヤーカー選定に際する配点方法はノミネート10車にトップから9-6-4-3-2-1点と、6車に配点するやり方だ。とにかくRX-7はスタイリング、エンジン、足回りの3拍子が揃っている上、タイト感のあるコクピットが大変魅力的であった。

■マツダRE生みの親、山本健一氏に
第1回RJCマンオブザイヤーを授与

RJCは設立当初からイヤー賞として新型車のカーオブザイヤーのほかに技術のテクノロジーオブザイヤー、人物のマンオブザイヤー(現在はパーソンオブザイヤー)、輸入車のインポートカーオブザイヤーの4賞を設けていたが、第1回のマンオブザイヤーには当時のマツダ会長の山本健一氏が選ばれた。

イヤーカーRX-7と山本健一氏、まさにマツダは両手に花という結果になった。RE生みの親としてよく知られている山本氏だが、1991年は彼にとってとりわけ記念すべき年となったに違いない。それは1991年6月に開催されたル・マン24時間レースでマツダ787Bが日本車初の総合優勝を果たしたからだ。

REとしては1970年代からル・マンに挑戦しているが、総合優勝は一度も無かった。ル・マンは耐久性が問われる大変難しいレースで、はっきり言って総合優勝などというのはまず無理であろうと目されていた。それだけにこの時の総合優勝はまさに偉業そのもので、マツダにとっては悲願達成であったのだ。これは山本氏が常に説いている「飽くなき挑戦」の執念であった。

1991年12月に開催されたRJCイヤー賞授賞式に出席された山本氏は、その受賞記念講演でこう締めくくった。

「今年はREにとって大変ハッピーなとしであった。内燃機関はレシプロエンジンしかないと思われてきた歴史のなかで異種のエンジンもあり得るということをマツダはREで示してきた。RE車の生産と販売、そしてル・マン24時間レースの総合優勝でそれが立証できたと思う。マツダはこれからも〝飽くなき挑戦〟を続けていきたいと思う」。このときの山本氏の言葉はいまでも強く心に残っている。

■RX−8も2012年に消滅。
だが〝飽くなき挑戦〟は水素燃料で必ず甦る！

アンフィニRX−7は1997年10月にアンフィニ・ブランドが廃止され車名はマツダRX−7となったが、それからざっと5年後の2002年8月、REの排出ガス対策の行き詰まりによってRX−7はその生産に終止符を打つことになった。

メーカーは生産中止になる車種についてのインフォメーションはめったにしないのだが、マツダはRX−7生産中止の正式コメントを2002年3月のニュース・フロム・マツダで公表している。生産中止が公表されてから販売台数がぐんと伸びたというから皮肉なものだ。

排出ガスの規制値をクリアできなかったゆえの継続生産期限切れであったが、同様に他のメーカーでもスープラ、シルビア、スカイラインGT−Rといった高性能車が同時期にその姿を消している。これも時代の流れであった。

しかし、マツダはRX−7の生産中止と同時に次の手を素早く打っていたのだ。既存のREに対して排出ガス規制対策を施すのではなく、全く新しいREの開発に挑んでいたのだ。「飽くなき挑戦」である。それが2003年4月に新登場したRX−8の新世代クリーンエンジン「レネシス」であった。

「RENESIS」とはGenesis(創世、起源)とロータリーエンジンREを合成した言葉だが、要は「新たなるREの始まり」を意味する。この13B−MSP型エンジンの最大の特徴は従来のRX−7のREが全てターボチャージャーであったが、これは全て自然吸気(NA)によるもので、加えて吸排気系の大幅な改良によって排出ガスのクリーン化と低燃費を実現したものだ。

排気量はRX−7と同じ654cc×2でありながら最高出力はスタンダードパワーで210馬力、ハイパワーだと250馬力、最大トルクは同じく22.6kgm、22.0kgmとターボに遜色ない動力性能を得ていた。

RX−8は「4ドア4座席の本格スポーツカー」という他に類のない新しい基本コンセプトを基に開発されたクルマだ。ボディ側にセンターピラーがないセンターオープン式フリースタイルのドアで、後ろのドアは前のドアを開けないと開かないようになっている。外観は大変コンパクトに見えるが、4人乗りのスペースはしっかり確保されており、後席は身長180センチの友人が楽に座れたほどだ。ホイールベースを2700ミリと長めにとっているおかげだ。

前輪懸架装置はダブルウィッシュボーン式、後輪のそれはマルチリンク式で、いずれも新開発されたものだ。前後重量配分は理想的な50：50を実現している。3眼デザインの計器は中央にデジタル速度計を組み込んだ大径回転計を配置し、運転席はスポーツドライビングにしっかり対応したサポート性に優れたシートだ。着座してステアリングを握ると誰もがスポーツ心をくすぐられること請け合いだ。

REを搭載したマツダのスポーツカーの歴史は1967年に登場したコスモスポーツから始まり、以来、幾多の困難を乗り越えながら世界で唯一のREを育て進化させてきた。RX−7の生産中止で8ヵ月間の中断を余儀なくさせられたが、新生エンジン搭載のRX−8によって再びREスポーツは甦った。しかし、45年にわたり量産し続けてきた世界唯一のREも2012年6月をもって消滅することになった。RX−8の生産が終了したからだ。しかしマツダの「飽くなき挑戦」にピリオドはない、REの研究開発はそのまま続行されていると聞いている。キーワードは水素燃料だという。

わたしはRX−8が登場したときに『甦ったロータリー マツダ・ロータリーエンジンとその搭載車、激動の変遷史』という本を出版（2003年6月発行）したが、執筆に際し、その文中にどうしても「特別インタビュー：マツダ・ロータリーエンジン生みの親、山本健一氏に聞く」というページを設けたかった。そこでマツダの広報へ取材を申し込んだのだがなかなかOKがでない。半ば諦めている頃にやっと許可が下り、出版社の編集担当者と勇んで広島マツダ本社へ駆けつけた。

傘寿を越えた山本氏は至って元気で2時間近いインタビューにもかかわらず快く応じてくれ、最後に彼はこう締めくくってくれた。

「君ね、もし水素燃料時代がくればね、その時こそ間違いなくロータリーエンジンはいろんなクルマに搭載されるようになるから。本当のRE時代が到来しますよ」。

世界で唯一REを実用化し、今日のマツダREの発展に貢献した偉大なる人物〝ミスターロータリー〟の目は鋭い輝きを放っていた。

2003年11月18日、ツインリンクもてぎで開催されたRJCのテストデーは何時になく華やいだ雰囲気に包まれていた。抜けるような青空の下にアクセラ、コルト、オデッセイ、ティアナ、プリウス、レガシィそしてマツダRX−8の国産ベスト7車が勢揃いしていたからだ。そして4時間以上に及ぶRJC会員の厳正なる試乗走行が終了し、直ちに行なわれた最終投票の結果、居並ぶ強豪相手を制してRX−8が見事にイヤーカーの栄冠を獲得したのだ。なんと会員73名のうち39名が満点の9点を与えたのだ。ちなみに最終結果ベスト3を挙げると1位マツダRX−8：498点、2位トヨタ・プリウス：303点、3位スバル・レガシィ：300点……であった。

RJCの第1回イヤーカー（1991〜1992年次）に選ばれたアンフィニRX−7から12年後、再びのRE快挙であった。このときは同時にRX−8の「レネシス」がトヨタの新世代ハイブリッドに勝ってテクノロジーオブザイヤーも獲得している。これで2004年次RJCイヤー賞はマツダが2冠を制したことになった。ミスターロータリーにとってまたとないプレゼントになったはずだ。

思えばあの広島取材から既に足掛け10年以上が経過している。クルマを取り巻く環境は益々厳しくなり、とりわけ燃費性能に関して消費者の要求は極めてシビアになっている。優れた動力性能をもつREといえどもカタログ値が9〜10km/ℓの燃費性能では最早言い訳がたたない。水素REの登場を待たずとも世間が納得する低燃費性能を是非実現させて、世界をアッと言わせるRE搭載車をリリースして欲しい。僭越ながらここでエールを送りたい。マツダよ、頑張れ！

■拡大された新規格で軽の商品性が格段に向上、真の国民車に成長した！

まさにバブル（泡）はあっけなかった。1990（平成2）年の後半から91年にかけて株価と地価はあっという間に急落続落し、瞬く間にバブルは崩壊してしまった。そして景気の破綻と不況が1991年から始まりそれがしばらく続くのである。

この頃は世界もめまぐるしく動いていた。1989年11月にベルリンの壁が崩壊し冷戦終結が宣言されると90年には東西ドイツの統一が実現し、ソ連(当時)も大統領制を導入(3月)、初代大統領にゴルバチョフ書記長が就任している。彼は90年10月にノーベル平和賞を受賞するが、翌91年にソビエト連邦が崩壊すると共に辞任している。

1991年1月にはイラクのクウェート侵攻を契機に湾岸戦争が勃発、多国籍軍がイラクを空爆し、2月にはクウェート解放に成功している。われわれの感覚でいくとこれらの出来事はまるでついこの間の様に思える。身近な社会の動きでいくと、都庁が丸の内から新宿副都心に移転したのは91年4月、この頃である。

1990年のわが国の自動車生産台数は1349万台、国内の販売台数は778万台、いずれもバブルの頂点期に相応しくそれまでの記録を刷新し過去最高の記録となった。90年の記録的販売台数はバブル景気の名残の他に89年4月より導入された消費税の後押しもあった。つまり消費税導入の代わりにそれまでの物品税が廃止され車両価格が実質上引き下げられたからである。

一般の消費税の税率3%に対して、軽自動車を除く乗用車の暫定税率は6%で割高感はあったが、それまでの物品税が余りにも高率であったから車両価格が下がったのである。なにしろ当時2リッター以上の乗用車は23%、2リッターに満たないクルマでも18.5%という物品税がかかっていたのだ。

この暫定税率6%は1992年に4.5%へ、さらに94年4月には3%へと改められ、これは後の販売台数回復の要因へと繋がるのだが、なぜ当初は6%であったかというと、消費税導入によって(物品税がなくなり)税収が急激に不足するのではないかとの懸念があったからだ。軽自動車の税率は3%であったが、この割安感に加えて90年1月から施行された新規格により軽はより大きく成長し性能面でも限りなく小型車に近づいてきたから、上級車から移行するユーザーが増え、それが販売台数に顕著に表れた。

新規格で軽の全長は100ミリ延長され3.3メートルに、エンジン排気量は110cc拡大され660ccにアップし、バンパーの大型化などにより軽の安全性がより改善されたほか、走行性能も高速道路が楽に走れるまでに成長した。

この新規格軽は1990年に各自動車メーカーから相次いで市場投入され、ユーザーはその選択に迷うほどであった。順不同に列挙すれば、ダイハツ・ミラ、リーザ、スズキ・アルト、アルトワークス、セルボモード、ジムニー、エブリィ、三菱ミニカ、スバル・サンバー、レックス、ホンダ・トゥデイなどである。翌年にはホンダ・ビートやスズキ・カプチーノといった魅力的で楽しいミニスポーツカーも市場投入され軽市場は大いに盛り上がった。90年の軽全体の販売台数はなんと180万台強と前年比6.5%も上回った。89年の軽乗用車販売台数は39万台であったが、90年はその2倍の80万台で、軽商用車は100万台、合計180万台であった。

規格拡大が軽販売実績の上昇に大きな影響をもたらしたのは明らかだが、それにも増して消費者の軽に対する意識が大きく変化したことにわたしは意義があると思うのだ。価格や税制面さらにはランニング・コストといった経済性のメリットは、もちろん軽を選択する最大の条件になるのだが、加えて居住性や走行性能や安全性といった商品性が多くのユーザーに注目されてきたことが嬉しかった。

この頃から軽市場が変化してきたことは確かだ。

いわば軽のターニングポイントであった。その後は、上級車の著しい低燃費性能向上あるいはハイブリッド化などが影響して軽市場はやや縮小気味となったが、現在は再び超低燃費性能車（たとえばミラ・イースやアルトなど）の登場などで活況を呈している。

軽の現行車を知らない人は一度乗ってみるといい。その走りっぷりの良さに驚くこと請け合いだ。加えて室内の広さにも装備類の充実さにも驚嘆するだろう。最早、これ以上大きなクルマは必要ないのではないかとさえ思えてくる。現行軽自動車の寸法は1998年に施行された規格改定によるもので、全長は3.4メートル、全幅1.48メートル、全高2.0メートルになった。これは主に安全基準への対応のためにサイズアップを図ったものだ。

エンジン排気量660cc、乗車定員4名は変わらないが、これらの条件をひとつでも超えると普通車（小型車）の扱いになり、黄色地に黒文字（事業用は黒地に黄色文字）の軽専用ナンバーは白地に緑文字に変わってしまう。

■いつまで続く軽自動車の〝規格〟、枠を外せば恩典も消滅する！

日本独自の規格による軽自動車だが、ここまで（体格も性能も）立派になると「日本の軽規格が米国製自動車の参入障壁になるので（軽の規格は）廃止すべき」という意見まで出る始末だ。これは2012（平成24）年2月の新聞記事だが、米自動車貿易政策評議会（AAPC）がTPP（環太平洋戦略的経済連携協定）に関して米通商代表部に提出した意見のひとつだという。

AAPCはGM、フォード、クライスラーの自動車大手3社で組織する評議会だが、要するに日本の規制上や構造上の障壁が米メーカーを日本市場から締め出していると主張し、日本のTPP交渉参加に反対していたわけである。

いまや米国がここまでボヤくほどに軽の存在価値は高まっているのだ。しかし、わが国の識者の中にも軽の規格はもはや必要なしと意見するひともいる。黄色地のナンバープレートも言ってみれば差別待遇であるから、小型車と同じ白地でいいとする声もある。今後も軽に関する論議は続くであろうが、わたしは個人的にはもうしばらく軽の規格は存続させてもいいのではないかと考えている。

もともと軽自動車（軽と略す）は商工自営業者の産業振興のために普及したものだ。昭和30年代である。40年代になるとマイカーのいわば入門車として、50年代以降はセカンドカーとして大いに普及した。何しろ購入時の価格と税金が安いうえ保険も安い、自動車税が格段に安いし燃費がいいから維持費がかからない。小回りが効いて駐車もしやすい、つまり運転がしやすいから女性にとっては気の置けないクルマだ。また高齢者にとっても大変頼りになる足である。

軽の保有台数は1990年11月に1500万台を突破し、現在では2000万台を遥かに超えている。注目すべきは軽の乗用車と商用車の市場に占める販売比率で、1989年3月末のそれは12.7%対87.3%であったのに対して90年のそれは44.4%対55.6%と拮抗し、2000年12月末では49.4%対50.6%とほぼ互角になった。

ちなみに2010年のデータを見ると乗用車は128万4665台、商用車は44万1755台だから、総販売台数172万6420台に対する乗用車の比率は74.4%、商用車のそれは25.6%となり、すっかり逆転している。つまりかつての商用（貨物）車主導型から乗用車主導型へ完全に変化したのだ。現在、軽はわが国において紛れもなく〝乗用車〟としてその実用性が高く評価されている。国民の足として欠かせない乗り物になっているのだ。

しかし、いつまでこの状態が維持されるのか、つまり軽の枠はずっとこのまま続くのであろうか、多少の疑問は誰もが抱くであろう。既に見直し論は何回も議論されているし軽不要論も出ている。一体、軽の枠を外すことによるメリットは何か。いってみれば、車両寸法およびエンジン排気量等に制限が加えられているから、その代わりとして税制面や通行料等に軽減措置が与えられているのが軽である。

もしこの規制枠を外せば当然の事ながら種々の恩典はなくなる。軽の自動車税は（2014年12月現在）7200円と格段に安い。2015年4月から現行の1.5倍（1万800円）に増税されたとしても、リッターカー（1リッター以下）の自動車税は2万9500円、1〜1.5リッター車になると3万4500円、その税額の差は月とスッポンだ。その差に見合った商品格差はどのくらいあるだろうか。はっきり言ってほとんどない。居住性も室内空間も走行性能も実用的に大きな差は見当たらない。自動車取得税の税率も軽は3%（他は5%）と低い。こうした恩典は何時まで続くのだろうか。

■車体寸法の枠を外せばデザイン向上、排気量アップで燃費は更に向上？

もし軽規格が取り払われた場合、技術的な面からメリットを探ると、例えば車体寸法の枠がなくなればデザイン上の自由度が大幅に増してよりよい造形が可能になるのではないか。思えば、これまで（現行車も）規制枠の中でよくここまで軽を進化させてきたなと感心する。現行車を見ても分かるが、あの寸法の枠内で小型車顔負けの室内空間を創り出しているのだ。とりわけ後席のゆとりには驚嘆を覚えるほどだ。走行性能でも街中から高速道路に至るまで全くストレスなく動かすことができる。軽は既に完成された乗り物なのであろうか。

敢えて問題を提起するとすればデザイン（スタイリング）であろう。クルマのデザインは商品価値を大きく左右するものだけに走行性の良し悪しにも増して大切な要素だ。ずばり言わせて貰うならば、いま軽のデザインは限界に来ている。いき詰まっている。そう思う。あの手この手で目先を変え新型車と称して市場投入しているが、総じてどれもこれも同じに見える。鮮度に欠けている。

なかには旧型より見苦しくなって登場する新型車もある。これはやはり寸法の規制枠がデザインの自由度を邪魔しているので思い切った意匠に進出できないからだ。

例えばメルセデスのスマートあるいはトヨタのiQなどは全長3メートルにも満たない小さなクルマだが、軽の世界では創出できない魅力的なエクステリアを造り出している。軽乗用車は乗車定員4名の室内空間を確保しているのでスマートやiQ（後席も2名乗れるが実用性は低い）のようにはいかないが、この乗車定員数も自由にすれば2〜4名の設定でユニークな小型乗用車あるいはコミューターが造形可能となるのではないか。

既にモーターショーなどではこれに近いコンセプトカーが参考出品されたりしているが、近い将来の年齢・人口・家族構成などを鑑みればそろそろ次世代軽の姿形や在り方を本格的に模索検討すべきだろう。建設的な規格改定もしくは枠の撤廃はその時に当局が大英断すればいい。

枠の撤廃はデザイン上のメリットだけではない。エンジン排気量も例えば800cc前後に設定すればさらなる低燃費が期待できる可能性もあるのだ。衝突安全性を高め装備類を充実させ小型車にも劣らない実用性能を維持すれば当然のことながら車量重量は増加し660ccの力ではかなり苦しくなる。その点から考えても現行車はよくやっていると思う。しかも昨今の新型車は燃費も驚くほど良くなっている。

しかしそろそろ限界が見えてきた。そこで枠の撤廃だ。さらに余裕を持った出力・トルクによって車両重量のハンディは克服でき、排気量を増加させても却って燃費は良好になるのだ。この辺りの技術的相殺はテクノロジーの進歩でいかようにでもなる。

また排気量を例えば800ccにアップしたからといって直ちに現行税制を適用するのではなく、新たな税制を設定して、これまでの軽（7200円）よりは多少高くなっても現行リッターカー（2万9500円）より遥かに安い例えば1万5000円級にすればいい。その他の税制さらには通行料もこのようにきめ細かくランク付けすれば軽に代わる新しい小型車の世界が展開されると思う。

わが国独特の規格によって生まれ育ってきた軽自動車はいま確かに新しい局面を迎えつつある。より効率的で付加価値のある商品造りと、経済的にも産業的にもグローバルな方向を志向すれば現在の姿を維持継続していくことが困難なことは目に見えている。

それを象徴するようなニュースが2012年3月1日に報道された。軽の先駆者とも言うべき富士重工業がざっと半世紀にわたる軽自動車づくりに終止符をうったというニュースだ。軽以外の乗用車に経営資源を集中させ個性的な中堅メーカーとして国際競争に勝ち抜きたいというのがその理由だ。トヨタとの提携効果を発揮させたクルマ作りをしたいというわけだ。その第1弾がスバルBRZ、小型スポーツカーである。

富士重工業の生産最後の軽となったのは「サンバー」だったというが、思えば軽の草分けとして1958年に生産が開始されたスバル360は「てんとう虫」の愛称で多くの人に親しまれた。わたしも随分と乗ったものだが、確かに画期的なクルマであった。日本の軽の規範になったクルマである。

いま軽は国内新車市場で約4割近くを占めているが、低価格で利幅が薄く開発費がかかる上に1台当たりの儲けが少ないと言う。スバルも今回の生産終了に際し「軽の損益は厳しい。寂しいが時代の変化に対応していく」とのコメントを残している。自動車産業の様変わりを考えると軽の世界もいよいよ再構築を図らなければならない時期にきたといえるだろう。

▩軽の規範を作ったスズキ・ワゴンR、RJCイヤーカーに2度も輝く！

さて、話は変わるが、軽の草分けがスバル360なら現行軽の原型を構築したのはスズキのワゴンRではないかとわたしは思っている。

1967年に登場したホンダのN360はFF機構を採用して画期的な居住空間を創出し、当時のわれわれも実車に接して感心したものだが、その点では以後の軽のレイアウトに多大な影響を与えたパイオニアといえるだろう。

1979年5月に登場したスズキのアルトはフロンテの姉妹車だが、税制上格段に有利であった商用モデル（4ナンバー）として発売、機能的で万人向きの意匠と、何といっても47万円という低価格が消費者の購買意欲を大いに刺激した。この価格は当時の軽の新車価格としてはまさに驚異的な低価格で、軽市場に衝撃を与えたほどだ。

その後、他の軽メーカーも追随してアルトと同様

最近目立つマイクロカーのひとつにスマート・フォーツーがある。メルセデス・ベンツ正規ディーラーで取扱いを開始したのは2010年からだが、日本に上陸したのは10年以上も前からだ。トヨタiQより寸法的にはやや小さいが、2名乗車のスペースは十分だ。5速マニュアルモード切替式オートマチックで走りも快活。こちらもデザインが良い。

トヨタiQに初めて接したとき、そのキュートで魅惑的なエクステリアにまず感心した。デザインがいい。どうせ居住性や走行性は期待できないだろうと高をくくっていたが、さにあらず、とりわけ1NR−FE型1300ccエンジン搭載機種は活発な走りで、操安性もなかなかであった。2008年10月登場で、その年の日本カーオブザイヤーを獲得、グッドデザイン大賞も受賞している。

スズキ・ワゴンRが初めて世に出たのは1993年9月だ。ミニカトッポやホンダトゥデイなどもこの年にデビューした。ワゴンRは左側2ドア／右側1ドアそしてリアゲートの都合4ドアで、乗降がしやすく室内が広い新ジャンルの軽として注目された。後席は折り畳みが可能で荷室はフルフラットになる。エンジンなど主要コンポーネントはセルボモードと共用で、F6A型3気筒OHC660cc 55馬力エンジンを横置きにするFF車だが、フルタイム4WDモデルも設定されていた。スタイルも良く総合評価が高いのでこの年のRJCカーオブザイヤーを獲得した。

初代ワゴンRは今日の軽の規範となる出来栄えであった。代を重ねるたびに初代の良さを巧みにリファインし、15年を経た4代目ワゴンRは見事にその熟成の成果を見せ付け、2009年次のRJCカーオブザイヤーを受賞した。同一車種の2回目の受賞だった。5代目ワゴンRはJC08モードで30.0km/ℓの低燃費(2WD、CVT車)を謳うエコカーになり、レーダー・ブレーキサポート(衝突被害軽減ブレーキ)を搭載(メーカーオプション)するなど先進の軽に進化している。これからの成長がますます楽しみだ。

なコンセプトの軽を発売、セカンドカーとしての需要を開拓したから、その点で初代アルトはまさにエポックメイキングなクルマであった。ちなみにフロンテは1989年にアルトに統合され7代目でその役目を終えている。

ワゴンRは1993年9月に新登場した軽のトールワゴンである。全高を高くとることにより軽の弱点であった室内の狭さを克服したもので「軽規格のなかで常識を超える大きな居住空間を実現した」と多くのモータージャーナリストから賞賛された。スタイルもFF方式のメリットを巧みに生かしたセミボンネット型で、いわばミニバン形だが、このスタイリングもまた大変好評で、万人に好まれる要素を有していた。

ワゴンRはこの年のRJCカーオブザイヤーを受賞したが、軽がイヤー賞を獲得したのはCOTYも含めて史上初の快挙であった。

ワゴンRはセルボモードやアルトなどスズキ自社の他のクルマの部品を約7割ほど流用し徹底的なコストダウンと合理的設計を図り低価格を実現すると同時に、従来にないRV風のスタイルと機能的な室内を見事に創り上げた。わたしはこの時すでにCOTYを離脱しRJCに所属していたのでこの選考会は昨日のことのように記憶している。

ワゴンRがイヤーカーを受賞した理由は確か「軽自動車規格のなかに力強いスタイルと常識を超える大きな居住空間および多用途性を実現、部品の共通化を図るなど合理設計に徹しながらも新時代のミニマムトランスポーテーションの在り方を示した」であった。

まさにそのとおりで、ワゴンRのパッケージングはあらゆる意味で今日の軽の規範になっていると思う。

細かいことだが、わたしはワゴンRのワンタッチでフルフラットになる後席の機構に当初から感心しており、他のメーカーもこれを真似すればいいのにと思っていた。が、昨今では似たような仕組みが常識的となりつつある。この機構によって即座に広い荷室がうまれる。これはアイデアものであった。これなどもワゴンRの先進性を語るひとつの事象であろう。

ワゴンRの販売台数はRJCのイヤーカー受賞後に急上昇し、1994年当初から発売以来最高の月販1万台超えを果たしている。その後は完全に軽市場のトップランナーで、国内軽自動車車名別新車届出台数では2004年から2010年まで7年間連続で首位を記録するなど、好調な販売実績はいまも変わらない。

初代ワゴンRが登場してから15年、2008年9月に4代目ワゴンRがデビューした。改良と熟成が図られた4代目は後席の居住空間がより快適になったほか、新プラットフォームの採用で操縦性、乗り心地、静粛性が大きく向上、エクステリアはよりスタイリッシュに洗練された。そして4代目ワゴンR（スティングレーを含む）は2009年次のRJCカーオブザイヤーを受賞することになった。ワゴンRはRJC2回目のイヤーカーに輝いたのである。ちなみにこの年にはグッドデザイン賞も受賞している。

2010年1月でスズキの4輪国内累計販売台数は2000万台となり、2011年1月にはワゴンRの国内累計販売台数が350万台を達成している。数の上でも紛れもなく軽の王者だが、ライバル社とりわけダイハツの猛追は驚異的なもので、全軽自協が発表した2013年9月の車名別国内新車販売台数（軽乗用車）は1位ホンダNBOX2万3723台、2位ダイハツ・ムーヴ1万9123台、3位ダイハツ・ミラ1万7353台、4位スズキ・ワゴンR1万5453台、5位日産デイズ1万3800台……といった具合だ。

2011年9月に登場の初代ミラ・イースはその年のグッドデザイン賞を獲得、CMも人気があった。2013年8月にマイナーチェンジが施され、2WDのJC08モード燃費は33.4km/ℓに、4WDは30.4km/ℓの低燃費に性能向上した。クルマが止まる少し前からエンジンが自動的に停止し低燃費を実現する新エコアイドルも装備している。2014年12月現在の2WD／CVT仕様車の燃費は35.2km/ℓだ。

ダイハツは低燃費車ミラ・イースの市場投入が功を奏した。なんといってもカタログ燃費JC08モード33.4km/ℓの宣伝効果は大きかった。これに対抗して登場したのがスズキのアルト・エコで、こちらはJC08モード燃費33.0km/ℓ（いずれも2WD車）の超低燃費で迎え撃った。

2014年12月現在のミラ・イースの燃費は2WD／CVTで35.2km/ℓだが、同年12月22日に発売されたスズキ「アルト」は2WD／CVTで37.0km/ℓ（JC08モード）をマーク、ハイブリッド車を除くガソリン車ではナンバーワンの低燃費を誇っている。

さらに、やや劣勢に立たされていたスズキは、2014年の軽自動車販売でダイハツを上回り、8年ぶりに首位を奪還することになった。スズキは2014年1月に市場投入を図った「ハスラー」がヒットし、累計販売台数の逆転に成功したのだ。

いずれにしろ今後の軽はパッケージングの良し悪しもさることながら超低燃費性能が売りになること間違いない。消費者はそれを待っている。加えてスタイリング（デザイン）が重要な売りの要素となるだろう。

最新軽を見ていると軽枠内で精一杯の開発努力を果たしているのが良く分かる。はっきり言ってそろそろ限界かもしれない。これ以上環境優先を考慮する軽の開発をするためには、今の軽規格を見直す必要性があるだろう。

前述したように、見直す時期の見極めを真剣に検討しなければならない。いま少し現行規格を継続し、枠内における開発限界を見定めてから、然るべき新規格あるいは枠撤廃を考えたほうがいい。そしてわが国の将来にとって相応しい車種体系を新たに構築すべきだ。

第6章

21世紀を席巻する日本のハイブリッドとEV技術

COTYとRJCのダブル受賞は過去に5回もあった

■性格の異なるCOTYとRJCだが、ダブル受賞は過去5回もあった！

ダブル受賞というのがある。現在わが国にはその年の最も優秀なクルマに賞を与える「カーオブザイヤー」というのが二つあるが、その両方を同じ年（年度）に獲得した場合にダブル受賞といっている。日本カーオブザイヤーとRJCカーオブザイヤーである。いま注目のEV日産リーフはこのダブル受賞をしたクルマだ。当初はテレビの画面でもこの二つの賞の文字がにぎにぎしく躍っていた。

では、これまでダブル受賞は何回あっただろうか。調べてみると1992年の日産マーチ、1997年のトヨタ・プリウス、2000年のシビック、2001年のフィット、そして2011年の日産リーフと、合計5回もある。

5回も……と言うのには訳がある。わたしが見る限りCOTYのほうは選考委員に試乗レポーターなど走りに長けたひとが比較的多いから、大学教授やジャーナリストの多いRJCとは自ずと選定するクルマが異なり、両方のイヤーカーが一致することは余りない。世間の目も大方そういう見方をしている。したがって5回ダブルがあったというのは意外に思うわけである。

わたしは2010年に思うところがあってRJCを退会した身だから、いまは一般消費者の目線でクルマを見ることができるようになった。だから、前述した日産リーフのCMを見ると、クルマ選びに対する思想が（多分）異なるRJCとCOTYが期せずして同じクルマを選定したことに大変興味を覚えるのだ。つまり、リーフは誰にとってもアドバンテージが得られる文句なしのイヤーカーに違いない、そう思うのだ。

RJCは2015年次のイヤーカーにスズキ・ハスラーを選んだが、それまで軽乗用車を3回（ワゴンR2回、三菱i1回）も選んでいる。しかし、COTYは一度もない。RJCのほうは比較的大衆寄りのクルマを選定する傾向にあるが、全身これ先進技術で覆われたクルマには甘い面もある。COTYは高性能車を選定する傾向があり、斬新でインパクトのあるクルマを選ぶきらいもある。それだけ心情的に選択が素直なのかも知れない。わたしはそう感じている。

RJCの過去24回のイヤーカー受賞メーカーを調べてみるとマツダ6回、日産5回、ホンダ4回、スズキ5回、トヨタ2回、三菱1回、スバル1回となり、マツダとスズキと日産が多い。しかしメーカーは7社にも及ぶ。一方、COTYの受賞メーカー（国内）になると過去35回の内ホンダ11回、トヨタ9回、日産4回、三菱4回、マツダ5回、スバル1回となり、明らかにホンダ対トヨタの図式が成り立つ。受賞メーカーは6社に留まる。（35回のうち1回はフォルクスワーゲンなので国内メーカーは34回となる）。

COTYはRJCよりも10年以上長い歴史があるにも拘わらず、選定がいささか偏っていたのではないか、と感じたひともいただろう。これは、イヤーカーに相応しいクルマがたまたまホンダとトヨタに多かったという結果だったのかもしれない。

それはともかく、第35回日本カーオブザイヤーに選定されたマツダ・デミオを見る限り、COTYの選考委員は以前と異なり、最近はユーザー目線によるクルマ選びに徹してきた観が強く感じられる。むかしCOTYに属していた者としては大変嬉しいことであるし今後の選定結果にも期待が持てるというものだ。

■ダブル受賞のリーフ、〝EVのある生活〟をデザインして高く評価される

リーフは2010年12月、世界に先駆けて米国から先行販売され、同月20日から日本国内で販売が開始された電気自動車(EV)だ。EVだからクルマ本体から温室効果ガス(排出ガス)を一切出さないため環境性能ではHV(ハイブリッド車)を上回る。家庭でも専用充電設備を使用して200ボルト8時間のフル充電をすれば200kmは走れる。通勤や買い物など近所を移動するなら十分な走行距離だ。

全長4445ミリ、全幅1770ミリ、全高1545ミリ、ホイールベース2700ミリのしなやかなボディは先進的なスタイルで奇をてらったところがない。このスタイルなら長持ちする。高価なリチウムイオン電池を大量に積んでいるため車両重量は1520kgとやや重たいが、乗車定員5名の室内空間は十分に広いし最小回転半径が5.2メートルで取り回しも楽だ。

車両価格はXグレードで消費税込み347万1300円だが、自動車取得税と自動車重量税が全額免税になるうえ自動車税も減税(翌年度適用)され、クリーンエネルギー自動車等導入促進対策費補助金が78万円も付く。これらを全部足すと総計96万5700円も優遇(2013年9月現在)されることになる。つまりそれだけ安く購入できるわけだ。これが現行EV最大のメリットといえるだろう。

EVは、いわばまだスタートしたばかりの新しいエコカーだ。ガソリンを全く使用しないから走行中の二酸化炭素は排出ゼロだが、さらなる電池の改良と充電設備などのインフラ整備の充実、走行距離の延長など課題はまだ多い。

しかしEVは家庭における電源としても活用できるので、これはメリットがある。たとえば太陽光パネルで発電し、余った電気でEVを充電し、逆にEVから家庭に電気を送って家電器具を使用するといった具合だ。課題をクリアすればEVは必ずや将来の主流となり得るクルマである。

リーフは2010年度グッドデザイン賞の金賞も受賞しているが、その受賞理由に「車両そのもののデザインに留まらず〝EVのある生活〟をデザインするという包括的な取り組みを評価」とあり、まさにこれがリーフの真骨頂であろう。大容量のリチウムイオンバッテリーから電力を供給し家庭用電源として活用できる新しい価値を提案したわけである。このEVリーフを大事に育て熟成させ進化させていくことを是非とも日産技術陣にお願いしたいものだ。

■2代目マーチは国産乗用車史に残る傑作車だ。なんといってもデザインがよかった!

さて、ダブル受賞といえば過去に日産マーチがある。RJCの1993年次イヤーカーであり、第13回日本カーオブザイヤーの受賞車でもある。実はマーチはこれだけではなかった。同時期に欧州カーオブザイヤーも受賞しているから、いってみればトリプル受賞である。トリプルといえばリーフも2011年欧州カーオブザイヤーを受賞しているから同じく3冠王である。

この2代目マーチK11型は日本国内はもとよりヨーロッパでも高い評価を得て欧州カーオブザイヤーを受賞したのだが、これは日本車初の快挙である。これら3賞を同時受賞した日本車はマーチとリーフの2車ということになるが、これまで欧州カーオブザイヤーを受賞した日本車は1993年のマーチ(欧州名マイクラ)、2000年のトヨタ・ヴィッツ(欧州名ヤリス)、2005年のトヨタ・プリウス、2011年の日産リーフと4車になる。

ヴィッツ(プラッツ、ファンカーゴを含む)は第

2012 RJC カーオブザイヤー受賞

日産が2010年12月に日本と米国で同時発売した5人乗り5ドアハッチバックのEV（電気自動車）がリーフである。当初より走行可能距離が向上して、1回の満充電で228 kmも走る。電池はリチウムイオン・バッテリーだが、自宅で充電の場合満タン充電の経費は1回で約300円といわれている。モーターは80kWで、駆動方式はFFだ。2011年に日本およびRJCのカーオブザイヤーをダブル受賞している。インフラ（充電スタンド）ネットワークの拡大がリーフ普及のカギを握っている。

初代ヴィッツ（写真）のデビューは1999年1月だ。全てに斬新なコンパクトカーとしていっきに人気者となり、この年の日本カーオブザイヤーを獲得した。2005年2月にモデルチェンジして2代目に、2010年12月に3代目となった。販売ランキングの常勝車だったが、昨今はアクアやプリウスさらにはフィットなどハイブリッド勢に上位を譲っている。

20回（1999年−2000年）日本カーオブザイヤーを受賞しているから、この年は日欧ダブル受賞という結果になった。

で、マーチだが、初代K10型は1982年10月に発売されたFF車で3ドア／5ドアのハッチバック車であった。松田聖子の「赤いスイートピー」が流行っていた時だから随分と昔だ。直線基調の角ばったスタイルで、決してスマートな小型車ではなかったが、市場の評判はけっこう良く、これがなんと9年3ヵ月もモデルチェンジなしで2代目へとバトンタッチしたのだ。量産乗用車が10年近くもモデルチェンジしなかった例は余りない。

2代目マーチ（K11型）は1992年1月に発売された。初代とは打って変わって曲線を駆使した丸みのある3ドア／5ドアハッチバックボディで、誰が見ても親しみの持てるスタイリングであった。全長は初代よりほんの少し短縮されたが、全幅と全高を若干拡大し、ホイールベースも60ミリ延ばしている。これが室内空間を広くし、足元スペースと荷室にも余裕をもたらした。

搭載されたエンジンは従来の1リッターに加えて1.3リッターを追加し商品力を高めている。いずれのエンジンも新設計でCG10DE型1リッターは58馬力、CG13DE型1.3リッターは79馬力、これをフロントに横置きにして前輪を駆動するFF車だ。変速機はそれまでと同じく4速ATと5速MTがメインだが、2代目では1.3リッター用にN・CVTと称する無段変速機を設定した点が目新しかった。日産はCVTの採用には積極的なメーカーであった。

2代目マーチの売りは、まず高効率のパッケージングと経済的で軽快な走りにあった。そして存在感のある親しみやすいスタイリング、これが良かった。軽量コンパクトで扱いやすいうえ乗り心地と動力性能がいいので運転していても楽しかった。わたしも随分と運転してみたが、日本人にはこの位のクルマが一番合うのではないかとさえ思った。

RJCの92〜93年ニューカーオブザイヤー選定のときはCR-Xデルソル、ユーノス500、ビッグホーン、マークⅡ／チェイサー／クレスタ、ドマーニ、インプレッサ、ギャラン／エテルナ／エメロードなど個性豊かな精鋭新型車がノミネートされていたが、いざ開票してみたらマーチは2位（ギャラン）に62点の大差を付けてトップ当選してしまった。

いったいマーチのどこに選考委員は魅力を感じたのか。わたしはやはりひとつにはこの丸みを帯びた親しみのあるデザインと可愛いスタイルが大きく点を稼いだものと思う。そしてクラスを上回る快適性と静粛性、運転のしやすさであろう。92年10月には通産省（当時）選定のグッドデザイン賞も受賞しているほどだ。恐らく欧州でも同じ評価がなされ、受賞に結びついたのであろう。2代目マーチは日産のみならず日本の乗用車の歴史の中でも記念すべき傑作車と断言できる。

これは私事で恐縮だが、当時わたしの長男がそろそろクルマが欲しいけど何にしたらいいかとわたしに相談をもちかけてきた。わたしは躊躇せずに2代目マーチを推薦したものだ。まるで自分が買うかのごとく半ば強引にこれがいいぞと勧めてしまった。近所の日産プリンス店に親しくしていた販売員がいたので、長男を彼に紹介し購入の面倒をみてもらった。長男もマーチのエクステリアはすっかり気に入り、運転のしやすさも手伝って結局10年以上も代えることなく乗り続けた。

3代目が登場したときさりげなく買い替えを促したが、長男は「あのデザインはどうもいただけなくて……」とそっけなかった。4代目が登場すると、さすがに2代目の古さが気になるうえ、下取りのうまみもなくなるので買い替えを決心、CVTの現行新型マーチに乗り換えてしまった。早速新型の印象を聞くと「いいねぇ、時代の差を感じるよ。変速ショックがないんで気分がいい。燃費もいいしね」とすこぶるご機嫌だった。余程気に入ったのか、いまだわたしにハンドルを握らせたことがない。

■複雑だが良くできていた 初代プリウスのハイブリッドシステム

さて、文句なしのダブル受賞を果たしたクルマがもう一つある。1997年10月に発表されたトヨタ・プリウスだ。ちょうどこの頃わたしはRJCのメンバーとしてイヤーカーやテクノロジーの候補を絞り込んでいた頃だが、プリウスはノミネート候補の締め切りに間に合わないと思っていたところ10月半ばになって価格を含めた全貌が発表され、しかも試乗も可能ということになった。発売は12月10日だがノミネート車の資格ありと判断され候補車としてリストアップされた。

車名のプリウスはラテン語で「〜に先立って」という意味を持つが、まさに市場ニーズを先取りしたコンセプトと最先端技術を集約した市場創造型の商品であった。全長4275ミリ、全幅1695ミリ、全高

1490ミリ、ホイールベース2550ミリというコンパクトな外形ながら大人4人(乗車定員は5名)がゆったりとくつろげる居住空間を有し、内外装のデザインは大変先進的で、しかも奇をてらったところのない万人向きのエクステリアであった。センターメーター式の未来型インパネ意匠は世界初のハイブリッド車に相応しく新鮮であった。初代プリウスのメカニズムをもう少し詳しく解説してみよう。

従来のパワートレインでは困難であった燃費効率2倍を目標として開発されたTHS(トヨタ・ハイブリッド・システム)は、モーターとエンジンを併用するシステムだが、いわゆる従来から言われているシリーズ型あるいはパラレル型という単純なものではなく、いわば両者のいいとこ取りのシステムである。

トランスミッションは遊星歯車を使用した動力分割機構で、遊星ギアの3軸にエンジンと発電機とモーターを配置し、それを協調制御するシステムだ。発電機の回転数を電子制御することで無段変速機として機能する。したがってトルクコンバーターやクラッチさらには変速機を用いることなく、エンジン動力と電気モーターによる駆動力をスムーズに車輪に伝え、停車時のエンジン停止状態から発進時のモーター走行、加速時のエンジン始動を自動的に行なう。

エンジンの力と電池の力を加えた力強い加速へショックなく切り替えることができ、加えて減速時には効率よくエネルギーの回生を果たす。

もう少し詳しく平易に言うと、まず動力源の基本となるのはガソリンエンジンである。このエンジンの動力は動力分割機構により車輪の駆動力と発電機の駆動力に分割される。発電機により発電した電力はモーターを直接駆動するほか、高電圧バッテリーを充電する。通常走行時はエンジンが作動し、その動力を2分割し、一方は直接車輪を駆動(FF)し他方は発電機を駆動するわけだが、このとき発電機の発電量をコンピューターで制御することにより両者の分担割合が調整される。

分担割合はその運転条件下で一番効率が高くなるように決定される。全開加速時には低出力のエンジンパワーだけでは不足のため高電圧バッテリーからもエネルギーが供給される。減速あるいは制動時にはモーターを発電機として機能させ、これを車輪で駆動させて回生発電を行ない、電気エネルギーとしてバッテリーに回収するのだ。

エンジンはモーターを併用するので高出力にこだわる必要がないから、高い燃費効率を引き出すことに特化すればいい。したがって小排気量で最高回転数を低くし軽量化と低フリクションに専念すればいい。この初代プリウスに搭載された新開発の1NZ-FXE型エンジンは4気筒DOHC16バルブVVT-iの1.5リッターで最高出力は58馬力、最大トルクは10.4kgmである。見慣れている通常の1.5リッターエンジンのスペックからすれば随分と低パワーの数字だ。

エンジンだけの動力性能ではどうみてもパワー不足だが、これに30.0kWの電気モーターが加算されるから加速時も不満のないフィーリングが得られる。しかも、このことによってガソリンの消費がグッと抑えられるから燃費が良くなる。これが初代プリウス・ハイブリッド車の特徴であった。

バッテリーにはニッケル水素式を採用しその数は40個、これを直列につないで合計288ボルトを得ていた。重い電池を積んでいる割には1240kgという車両重量はむしろ軽いといってもいい。車体全体の軽量化が功を奏していたのだ。

■京都議定書採択と同時期に 赤字覚悟の市販に踏み切った初代プリウス

ところで初代プリウスの試乗会は大勢のメディアとモータージャーナリストを招いて長野県白馬連峰の麓のホテルを起点に開催された。1997（平成9）年10月のことだ。ロケーションは高速道路あり山道のアップ&ダウンありカントリーロードありの、走りを試すには絶好の環境であった。わたしは気の合う仲間と数人相乗りして運転を適当に交替しながら本邦初公開のハイブリッド車の走り味、乗り味をいろいろ試してみた。

分かりやすくいえば負荷の小さいときには電気モーターで走行し、高負荷の時にはエンジンとモーターが効率よく併用されるのだ。最初にゆっくりスタートするときは電気モーターで無音の走り、加速を始めるとエンジンが駆動に加わりストレスなく常用速度に到達する。そのときの連携プレーは実に静かで滑らかだ。

山道の登り坂が続くとバッテリーの充電量がみるみるうちに減っていく。こうした動力系の流れの様子がインパネの中央にあるモニターに図示され、これが実に分かりやすく見ていて飽きが来ない。なるほどこれがハイブリッドの仕組みなのかと走りながら理解できた。

試乗を終えホテルに戻ると待機していた開発スタッフが早速印象を聞きにわれわれに近づいてきた。やはり試乗者みんなの関心事は電池の寿命であり信頼性であり、電池を交換する場合の価格の問題などで、その辺りの質問が多かった。初めてのハイブリッド車を運転したわりには走行性についての質問はさほどなかった。まあ、こんなものであろうというわけか。

それより、当初の希望小売価格が215万円というのは安すぎるのではないかという意見（質問）が多かった。これについての開発陣の答えは明解ではなかったが、要は赤字を覚悟してでもとにかく市販しないと前へ進めない、本来の価格でいけば恐らく数倍になるのではないかと思われるが地球環境と社会環境を考慮すれば今がスタートする時期である、もう待ってはいられない……というのが初代プリウス市販の主な理由であった。

CO_2の排出量は2分の1、CO、HC、NO_xの排出量は規制値の約10分の1、10･15モード燃費はカタログ値で28km/ℓであったが、当時としては目を見張る素晴らしい数値であった。……そして初代プリウスが発売された1997年12月といえば、地球温暖化防止京都会議で京都議定書が採択されたときである。いわば〝ハイブリッド元年〟にタイミングを合わせたかのように京都議定書もスタートしたことになる。

■環境意識の高まりから米国で販売急増。 2代目プリウス後半から人気に火が付く

さて、初代プリウスが赤字覚悟の価格設定で市販されたことはいわば公然の秘密であった。この価格設定はトヨタでなければできない技だが、いずれは世間で認められ量産車種として台数がはければ採算は自ずと付いてくると踏んでいたのだろう。しかし世間に受け入れられるにはやはり相当な時間を要した。乗用車販売ランキングに姿を表し始めたのは2代目になってからである。

2代目は2003（平成15）年9月に登場したが、ボディは先代のノッチバックセダンからワンモーション・スタイルのスマートな5ドアハッチバックに変身し、ホイールベースも2550ミリから2700ミリに延長され、海外での市場も考慮されて全幅は50ミ

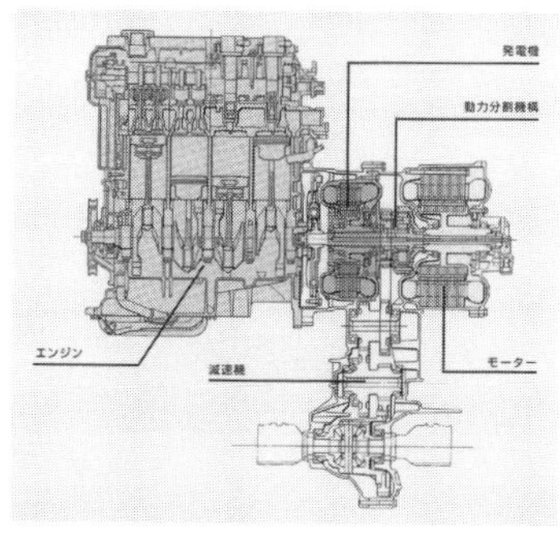

1997年12月、世界初の量産ハイブリッド車として発売されたのが初代トヨタ・プリウスだ。今でこそ93の国と地域で販売されているが、初めて試乗したときは、果たしてモノになるか普及するかいささか疑問であった。当初エンジンは1500cc 1NZ型直4DOHCを搭載したFF車でモーターによるアシストも弱かった。燃費は当初で既に28.0km/ℓをマークし、これには驚いた。コストを犠牲に将来を見据えた革命児だった。

2009年5月に登場した3代目プリウスは1800cc直4 DOHC 2ZR型に換装され60kWのモーターと協調してJC08モードは32.6km/ℓの低燃費を実現している。電池はニッケル水素。現在アクアと販売ランキングトップの座を競い合っている。プリウスは紛れもなく世界中に普及しているハイブリッド・ナンバーワンのクルマだ。

リ拡大の1745ミリとなり、全体的にやや大型となった。したがって初代の5ナンバーは2代目で3ナンバー登録車となった。

エンジンおよびモーター等も大幅に改良されTHSはその発展型THS-IIになり、エンジン出力は77馬力に、モーターは68馬力にアップ、10・15モード燃費は35.5km/ℓに向上し、この時点で世界最高の省燃費性能を達成したのだ。

2代目発売からざっと1年を経過した2004年の夏、新聞には「プリウスが米国での販売好調で生産追いつかず」の見出しが躍った。原油高騰でガソリン価格が上昇したことも追い風になり、急速にエコ意識が高まった米大都市を中心に世界最高水準の燃費効率を誇るエコカー・プリウスの販売が急増したのだ。「最大半年の納車待ち」で消費者側は不満たらたら、「特殊部品が多く増産に限界」とメーカー側は恐縮するのみ。トヨタにしては嬉しい悲鳴なのだが、月間生産能力が間に合わず増産態勢が大きな課題となった。2代目の評判はすこぶる上々で、わが国でも2004年5月には5806台を売って登録車の車名別ベスト10車に初めて名を連ねた。

その後のプリウスの勢いは既に知ってのとおりだ。円高や原油価格高騰あるいは金融危機など世界情勢は目まぐるしく揺れ動き、わが国においては若者のクルマ離れやガソリン高など逆風が強まって新車販売市場は大幅に縮小の傾向にあったが、燃費性能に優れたプリウスの立ち位置は少しもぶれることなく右肩上がりの曲線を描いていった。初代発売当初は売れ行きを疑問視する向きもあったが、地球温暖化問題を背景とする環境意識の高まりから販売はグローバルに展開し急増したのだ。

初代発売から10年、2007年9月には累計販売台数約85万台を数えるまでに成長した。それから1年も経たない2008年4月末、プリウスの世界累計販売台数は102万8000台となり、遂に100万の大台を突破した。この時点でプリウスは米国を主として世界43ヵ国・地域で販売されていた。

2009年5月、プリウスはモデルチェンジをして3代目になった。全長4480ミリ、全幅1745ミリ、全高1490ミリ、軸距2700ミリと2代目よりわずかに車体は大きくなったが、スマートな5ドアハッチバックボディはますます洗練され空力特性も向上した。ガソリンエンジンは1.8リッター99馬力に、モーターは60kW（82馬力）に出力アップしたが、JC08モード燃費は世界最高水準の30.4km/ℓと大幅に向上し、力強く静かで低燃費のプリウスのイメージは3代目で飛躍的に高まった。

加えて最廉価版を旧モデルより安くした挑戦的な価格設定が消費者の心を捉え、2009年5月の車名別乗用車販売ランキング（軽自動車を除く）では1万915台を記録、遂にプリウスが首位を獲得した。さらに翌6月の販売台数は2万2292台と驚くべき数値をマークし、軽自動車を含む総合ランキングで初めてのトップとなった。ちなみに2位のワゴンRはこのとき1万6185台、ライバルのホンダ・インサイト（ハイブリッド車）は8782台で7位であった。

国のエコカー（環境対応車）減税など優遇策が追い風になったのはいうまでもないが、デザインと低燃費性能と価格が何といってもプリウスの大きな魅力であったことは間違いない。2009年10月、目出度く3代目プリウスは日本カーオブザイヤー（COTY）を獲得した。初代モデル以来の受賞となった。

初代ホンダ・インサイトは2名乗車のクーペで後輪をスカートで覆うという特異な格好をしていた。1999年9月の登場だったが2006年7月に生産は一時終了していた。2代目は2009年2月、ニューハイブリッド車として颯爽とデビュー、5人乗り5ドアのボディは流麗かつスポーティな姿態であった。IMAと称するホンダ独特のハイブリッドは軽量・小型化を追求したものでJC08モード燃費は27.km/ℓを実現していた。が、このシステムは最早旧型化し販売台数も低迷していたので、2014年3月をもって生産は終了した。

■プリウスPHV追加で益々好調、年間販売台数はカローラの大記録を更新！

3代目になってからのプリウスはまさに破竹の勢いで販売市場を席巻していった。乗用車販売ランキングでは総合1位の常連になったが、その逆にかつての看板車種カローラなどは落ち込む一方で、売れるクルマと売れないクルマが明確に分かれてきた。ハイブリッド車を筆頭に低燃費の小型車と軽自動車が常にランキング上位を占めるようになってきた。しかし軽乗用車もうっかりしてはいられない。軽より排気量の大きいクルマでも低燃費性能に優れ、価格の面でも大接近しているクルマがあるからだ。エコカー減税や新車買い替え補助などは登録車のほうが金額の絶対値が大きいので消費者の購買欲を刺激しやすい。つまり軽の特典が薄れていささか不利になってしまう。軽もミラ・イースやアルトのように超低燃費といった強力なセールスポイントを持たないと販売ランキング上位をキープするのは難しい。

プリウスは2011年5月に新発売されたワゴン型の「プリウスα」の販売好調が続いていることや、家庭用電源で充電できるプラグインハイブリッド車「プリウスPHV」を2012年1月に発売したことも販売台数の押し上げ要因となっている。それにしても月販3万台を超えたときは驚きであった。かつてのカローラ全盛時代を思い起こさせる数字だ。そういえば、プリウスの2010年の年間販売台数31万5669台は1990年に記録したカローラの30万8台を20年ぶりに更新した大記録で、車名別による年間販売台数の歴代首位となった。

プリウスαは5名乗車の2列シート車と7名乗車の3列シート車の2タイプを設定したもので、従来のプリウスの全長を若干延長して後部スペースを拡大したワゴン車だ。価格は7人乗りSで270万円、10・15モード燃費は31.0km/ℓ、JC08モードで26.2km/ℓ。3列シート車にはトヨタのHV量産車として初めてリチウムイオン電池を採用している。

プリウスPHVは最廉価のLグレードでも285万円とやや高めだが、JC08モードの燃費は61.0km/ℓとずば抜けて優れているので、割高感は薄れてしまうほどだ。従来のニッケル水素電池を高出力のリチウムイオン電池に替えたため、電池による走行が26.4kmまでOKになり、近距離はEV走行が可能となった。長距離はもちろんHVとして走れるから、これもウリの大きな要因だ。プリウスPHVは、いわばEVとHVのいいとこ取りのクルマといえよう。

■当分続くHVブーム、HVの将来像を方向付けたアクア

さて、CO_2削減のカギはHVを主とする低燃費エコカーの普及にあることは言うまでもない。当分HVがエコカーの中心になるであろうが、電池の性能の向上さらには走行距離の延長、そして充電設備等のインフラが充実し車両価格がHV並みに下がってくれば、今度はEVが必ず主役となってくるに違いない。

しかしHVにしろEVにしても、ガソリンエンジン車ではあまり使用していない貴重なかつ希少な資源を多量に消費しているので、この辺りの資源枯渇問題が将来に向けての心配の種である。

プリウスが毎月何万台と売れていくのはエコカー普及の観点からは喜ばしいのだが、資源調達のことを考えると、一体この先はどうなるのかといささか不安になる。製造元から余計な心配だと言われればそれまでだが、どうも他人事ではない。そういう一般消費者の懸念を払拭してくれる画期的な技術革新が展開されれば、あるいは新しい鉱脈が発見されれ

2011年12月に発売されたトヨタのHV(ハイブリッド車)アクアは5ドアハッチバックの2ボックスFF車だ。プリウスより小柄で低価格のHVとして瞬く間に時代の寵児になり、2013年度の車名別新車販売台数ではプリウスを抑えて第1位になった。販売台数はなんと25万9686台、月平均2万台を超える。1NZ-FXE型1500cc直4 DOHCエンジン(54kW)とモーター(45kW)によるHVで、電池はニッケル水素。2013年に一部改良を施してJC08モードで37.0km/ℓの低燃費を誇る。

ば、それに越したことはないが、それはまだ大分先の話のようだ。

それにしても、プリウスは2011年8月末に日本国内での累計販売台数が100万台を突破(102万台)し、このとき全世界でのそれは236万台を超えていたという。それから2年を待たずしてトヨタのハイブリッド車すべてのグローバル累計販売台数は2013年3月末で512.5万台となり、ついに500万台を突破した。2014年10月、前月9月末時点での世界累計販売台数が700万台を超えたと発表された。プリウスはその内ざっと6割を占めている。プリウスの勢いは当分衰えそうもない。まるで、巷にはプリウスが溢れているといった観の昨今である。

ところで、プリウスユーザーの走り方を観察してみると、プリウスの運転者全てがエコドライブを励行しているとは限らない。勢いよく加速して行くひとは実に多い。まるで加速の良さを誇示しているかのようにも見える。HVは全開加速すると想像以上に鋭い加速をするので、ひとたびその魅力を知ると確かにその虜になるだろう。高速道路などではスポーツカーなみの速さで飛ばしている人も見かけるが、これではHV本来の意味がなくなってしまう。HVはガソリンも消費しているのだということを忘れてはならない。

EVの実用性がさらに高まるまではもうしばらく時間がかかるが、その間は当分HVがエコカーの主役を担うことになる。が、運転者がエコドライブとかけ離れた使い方をすれば折角のHVもその真価を発揮することはできない。使用者のさらなるエコ意識が必要である。

それともうひとつ、クルマは代を重ねるごとに排気量も車体の大きさも肥大化する傾向にあるが、これは是非やめてほしい。メーカーはより快適により高性能に……とあたかも消費者の要求に応えるかのごとくに大型化していくが、これは作り手側の自慰行為である。メーカーはさらに小型で軽量なHVの開発にこそ鋭意努力して欲しいものだ。HVの究極的な進化は限りなく小型EVに近い姿に変化していくのが正しいと思う。

いまから15年前、初めてプリウスに接し、ハイブリッドなるクルマを運転したときは、その新しい画期的なパワーユニットに目を見張ったが、正直、目新しさに興味を覚えたものの商品として果たして通用するのだろうか、普及するのだろうかと、大いに疑問を抱いていた。それがいま、かつてのカローラのように街中を埋め尽くすほどに普及している。時代のニーズを的確に捉えた商品であったことは間違いないが、これは結果論であろう。大方の反応は、当初、海のものとも山のものとも判断が付かない商品であった。

プリウスが今日の輝かしい成果を得たのは、やはり将来を見据えながら、確固たる信念のもとに開発を継続した結果だ。採算を度外視した思い切りのいい販売戦略も功を奏した。

プリウスは初代に比べれば確かに姿かたちは洗練され走りも熟成され、車体も大きくなり豪華さも兼ね備えてきた。しかしこれ以上、絢爛豪華な方向には行ってほしくない。バリエーションも増やさないでほしい。HVとしての本意が失われるからだ。21世紀のHVの将来あるべき姿は、作り手側がよく知っているはずだ。決して消費者側に媚を売ることはない。消費者の多様なライフスタイルに応えるため……というメーカーの常套句は最早過去のものだと思う。

2011（平成23）年12月発売の新鋭HV「アクア」は、ハイブリッドシステムの小型軽量化と高効率化を図ることによってJC08モード走行35.4km/ℓ（10・15モード燃費は40km/ℓ）の低燃費化を実現、プリウスよりひと回り小型なボディでいま大変な人気車種となっている。プリウスに代わるトヨタの次世代HVのひとつの解答例だと受け止めているが、求めやすい価格（169.0万円～194.0万円＝2013年9月現在）の効果もあって、月販台数は目下プリウスをリードしている。

ちなみに、2013年9月の販売台数はプリウスの2万3069台に対してアクアは2万6543台でランキング第1位だ。2013年4月～9月の累計台数はプリウス12万1634台に対してアクアは12万7993台と6千台以上の差を付けている。HVとしては最も扱いやすく手頃なサイズと割安感がウケているのだ。

いずれにしろこれからは、よりパワートレインの効率を向上させ、あらゆる方向からの軽量化に努め、走行抵抗の徹底的低減を追求し、優れた環境性能（低燃費性能）と爽快なハンドリングを両立させるクルマ作りにメーカーは専念すべきだ。21世紀のこれからのクルマはこれだ！……という決定版を消費者に提示して欲しい。いまから楽しみにしている。

■エピローグ

1990年前後のバブルの絶頂期はRVブームでもあり各社から様々なリクリエーショナル・ビークルが登場していた。その後発組みとして1991年2月にデビューした三菱のRVRはユニークなパッケージングで大変好評であった。1997年11月、RVRは2代目に変身し、より洗練されたエクステリアとなった。左側にスライドドアを持つバックドア式の4ドア車で、初代の特徴であった後席ロングスライドシートなどのユニークな室内機能はそのまま継承されていた。

後席は、通常の3人がけ（乗車定員5名仕様）とロングスライドシートの2人がけ（乗車定員4名仕様）の2タイプが設定されており、4人乗りのタイプは後席シートアレンジが多彩で、くつろぎの空間を自由に創出することができた。しかも後端の荷室も広いので家族旅行にはもってこいのパッケージングであった。

このクルマなら問題なく家族4人で長距離長時間ドライブが可能だ、そう決断して長年愛用していたスカイラインGTS－4と遂に決別し、1998年春にGDI（ガソリン直噴エンジン）のRVR・X2（4速AT）4人乗りを購入することにした。当時の三菱広報担当者が「RVRは当社の生んだ傑作車ですよ。ほどよい大きさであのパッケージングは類車がありません」と自画自賛していたのを想い出す。

1998年春にRVRを購入。このクルマは家族4人のドライブ旅行に最適なパッケージングであった。三菱車のなかでは傑作車のひとつに挙げられるのではないかと思っている。

RVRはわたしの愛車歴のなかで初めてのミニバンタイプのトールワゴンであった。その着座位置の高さが新鮮な運転感覚を与えてくれドライブが更に楽しくなった。カレンダーを眺めては家族のドライブ旅行を計画し、泊りがけの遠出も幾度となく敢行した。結局RVRは足掛け8年の長きにわたり家族を楽しませてくれたが、加齢現象にはどうしても勝てず、そのうちスライドドアの開閉に不具合を生じたり4速ATの変速機能に支障を来たしたり等々やや不安材料が露呈し、買い替えの時期を促される結果となった。

RVRに見切りを付ける頃になると低燃費をウリにした小型車がたくさん出揃い、世の中にはまさに環境性能最優先の雰囲気が充満していた。さて、われわれ高齢の夫婦に相応しいクルマは何がいいか。条件は、気軽に使える小型のコンパクトセダンで、走りもよく、しかも価格が安いクルマ……であった。狙いは既に定まっていた。我が家からほど近い日産プリンス店へノートを受け取りに足を運んだのは2006年の暮れであった。1.5リッター5ドア・ハッチバックセダンはパールホワイトの美しいボディを輝かせながらわたしを待っていた。

ノートは2005年1月に新発売された日産期待の小型車で、全長は4020ミリだが軸距が2600ミリと長く、これが室内空間に功を奏して後席の居住性が大変良かった。2段構えの荷室もスペースが広く使い勝手に優れていた。吟味されたパッケージングが小型ファミリーカーとしての価値を高めていた。

新車慣らしを済ませた頃、高速道路を使用した長距離ドライブを敢行し実用燃費を測定してみたとこ

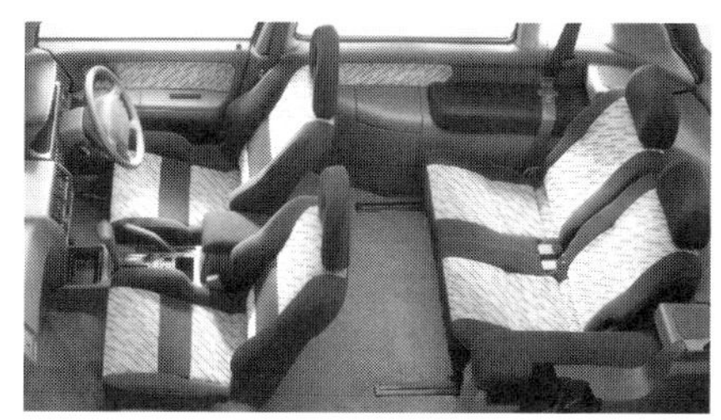

広いキャビンと手頃なサイズの万能RV車として人気のあった三菱RVRは、写真の初代が1991年(平成3年) 2月の発売。1997年11月に2代目となったが、この4人乗り機種Xの後席は足も伸ばせるほど余裕たっぷりでシートアレンジも多彩、スライドドアの使い勝手も良く、4G93型1800cc 140馬力GDIエンジンと4速ATによる走りも快適、すっかり気に入って筆者は早速マイカーとして購入、家族ドライブを楽しんだ。

5ドア・ハッチバック・ボディのFF車ノートがデビューしたのは2005年1月だ。当初は1500cc直4DOHCエンジンのみでスタートしたが2008年に1600cc車も追加された。コンパクトだがホイールベースが長く、直進性と乗心地の良さが特徴だ。2012年9月に2代目となり、エンジンは直列3気筒1200ccにダウンサイジングされ、直噴ミラーサイクルと高効率エコスーパーチャージャーを組み合わせた先進パワーユニットに変身、全てに刷新された。2代目は2013年次RJCカーオブザイヤーを受賞している。

EV (電気自動車)の普及はコストダウンによる販売価格の引き下げはもちろんだが、充電スタンドが現在のガソリンスタンド並みに拡充されることが早急に求められる条件であろう。1回の充電で走行できる距離をさらに伸ばす事も今後の課題だ。

ろ、何とカタログ数値より良好な20.5km/ℓをマークしてしまった。これは正直いって驚くと同時に大変に嬉しかった。ハイウェイを長距離走れば比較的いい燃費が得られるものだが、それもエコドライブを意識しないと期待はずれになる。この実走燃費テストのときはJAFや自工会などが推奨しているエコドライブのコツを守りながら模範的走りを実践した結果である。

この事がきっかけになって、わたしはノートに乗り換えてからすっかりエコドライブ派になってしまった。急発進や急加速、急ブレーキは決して行なわないし、走行速度も控えめに徹している。といっても、もちろん市街地走行で渋滞の原因をつくるような走り方では全くない。高速道路では80km/hプラスα程度だからトラックにも軽自動車にも追い抜かれるほどだが、だからといって精神的に何のストレスも生じない。

2012年8月にモデルチェンジしたノートは2013年次のRJCカーオブザイヤーを見事獲得したが、これは当初の基本コンセプトの良さが熟成された結果といえるだろう。エクステリアもすっかり洗練され、1.2リッターのエコスーパーチャージャーでJC08モード燃費は25.2km/ℓをマークしている。

いまや慣れというより唯我独尊、安全運転に徹したカーライフを実践している。これが実はガソリンスタンドに寄る回数を少なくするという効果にも繋がっているのだ。とにかく化石燃料の消費を減らすにはまずエコドライブをみんなが実践しなければならない。

いまわが国の男性の平均寿命は概ね80歳だという。わたしはその頃になってもハンドルを手放そうとは思っていない。そして次に購入するのはHVを越えてEVになると思っている。一度の充電で現在の2倍も長く走行可能な電池が近い内にできるかもしれない。電池メーカーの開発スピードも進んでいる。筆者が傘寿になる頃には格段に進化したEVに遭遇するといまから期待しているのだ。いまのGS(ガソリンスタンド)の多くは充電装置を有したインフラ設備として様変わりしているだろう。EVの充電には事欠かない社会的基盤がかなりの速度で進展しているはずだ。それをこの目で確認するまでは何としてでもハンドルを握っていたい。

わたしのモータージャーナル回想旅行はこれにてピリオドをうつが、これまで半世紀以上にわたるクルマとの関わりの中でわたしなりに得た結論がひとつある。それは「容姿に優れているクルマは性能も優れている」である。性能は、動力性能や走行性能だけを指すものではなく、いってみれば総合性能のことである。逆に、総合性能に優れているクルマは容姿の出来もいい。その確立は極めて高い。EVの開発者には是非この言葉を献上したい……そう思う。

なお末筆になってしまったが、この拙著の出版に尽力してくださったグランプリ出版の小林謙一社長と編集担当の山田国光氏ならびに木南ゆかり氏にはなんと御礼をしていいか言葉が見つからない。ただひたすら恐縮している。

平成26年12月吉日　小田部家正

■参考文献

『日本の自動車産業の歩み』 社団法人・日本自動車工業会
『21世紀への道　日産自動車50年史』 日産自動車株式会社
『小型・軽自動車界　三十年の歩み』 社団法人・全国軽自動車協会連合会
『自動車ガイドブック』VOL13〜VOL60
　社団法人・自動車工業振興会（現・日本自動車工業会）
『トヨタのあゆみ』 トヨタ自動車工業株式会社
『三菱歴代の名車たち』 三菱自動車工業
『道を拓く　ダイハツ工業100年史』 ダイハツ工業株式会社
『三菱自動車工業株式会社史』 三菱自動車工業株式会社
『富士重工業技術人間史　スバルを生んだ技術者たち』 富士重工業株式会社　三樹書房
『スズキストーリー　軽自動車のパイオニア達』 小関和夫著　三樹書房
『マツダ　技術への「飽くなき挑戦」の記録』 小堀和則著　三樹書房
『甦ったロータリー　マツダ・ロータリーエンジンとその搭載車、激動の変遷史』
　小田部家正著　光人社
『トヨタ クラウン　伝統と革新』 小田部家正・小堀 勉共著　三樹書房
『トヨタ カローラ　日本を代表する大衆車の40年』 小田部家正著　三樹書房
『カローラ物語　ベストセラーカー2000万台の軌跡』 小田部家正著　光人社
その他　自動車会社各社のカタログおよび広報資料

■協力（敬称略）

小口泰彦（八重洲出版）
内外出版社
トヨタ博物館

編集部より

戦後の復興とともに日本のモータリゼーションは大きく発展を遂げましたが、それを牽引したもののひとつが自動車雑誌でした。

昭和40年代に入ると、自動車メーカーは技術やデザインに力を入れたクルマを次々と開発し、自動車雑誌はそれをいち早く事細かに取材して、その新車の魅力を誌面で伝えてきました。また、良い面だけではなく問題点も提示することで、一般のユーザーを育て、それにより日本車の進歩をサポートしてきました。

本書は、自動車雑誌に長年携わってこられ、歴史ある自動車雑誌の編集部員、そして編集長として活躍された小田部家正氏に、昭和から平成にかけて忘れられない印象的な日本車を、取材時の思い出とともに綴っていただき、日本の自動車史の一端を記しました。

登場するクルマは多岐にわたり、なかには世代交代を繰り返しながら熟成され、現在に至るものもあります。

編集にあたっては、読者の方々に内容をより理解していただくことを目的に、適切な位置に関係するクルマの写真を配置するように配慮いたしました。写真・図版については、本書の編集方針にご理解をいただいたトヨタ博物館ライブラリー様より数多くの資料をご提供いただきました。さらに、著者の雑誌編集部時代の記事を本書で紹介するにあたり、八重洲出版四輪事業部事業部長の小口泰彦氏のご協力をいただきました。その他、自動車史料保存委員会などのご協力も得ました。

また、三本和彦氏には、巻頭の序文をいただきました。ここに感謝申し上げる次第です。

本書によって、戦後の自動車文化がどのように発展していったかを読みとっていただければ幸いです。

グランプリ出版　編集部

〈著者紹介〉

小田部 家正（おたべ・いえまさ）

1938年(昭和13年)東京生まれ。芝浦工業大学機械工学科卒。八重洲出版『ドライバー』誌の編集に5年間携わったのち内外出版社に移り『別冊月刊自家用車』『モーターロード』『月刊自家用車』『オートメカニック』等の編集長を歴任、その間、日本カーオブザイヤー実行委員を務める。1990年にフリーのモータージャーナリストに転身、同時に日本自動車研究者ジャーナリスト会議(RJC)に入会、自動車雑誌各誌に新型車解説、試乗記等を執筆。2009年にRJCを退会し現在は自動車技術会正会員。

著書に、『甦ったロータリー』『カローラ物語』『ホメちぎりくるま選び』(いずれも光人社)、『トヨタカローラ 日本を代表する大衆車の40年』『トヨタクラウン 伝統と革新』(ともに三樹書房)など多数。

戦後モータージャーナル変遷史
自動車雑誌編集長が選ぶ忘れられない日本のクルマ

2015年2月12日初版発行

著　者　小田部家正
発行者　小 林 謙 一

発行所　株式会社グランプリ出版
〒101-0051　東京都千代田区神田神保町1-32
電話 03-3295-0005　FAX 03-3291-4418
振替 00160-2-14691

印刷・製本　シナノ パブリッシング プレス
組版　ヴィンテージ・パブリケーションズ

ISBN978-4-87687-337-1 C-0075